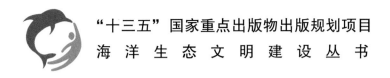

"十三五"国家重点出版物出版规划项目

海 洋 生 态 文 明 建 设 丛 书

宁波市海洋生态修复实践与发展

刘红丹　金信飞　徐　坚　等编著

U0202111

海洋出版社

2020 年·北京

图书在版编目（CIP）数据

宁波市海洋生态修复实践与发展/刘红丹等编著 . ——
北京：海洋出版社，2020.10

ISBN 978-7-5210-0668-1

Ⅰ.①宁… Ⅱ.①刘… Ⅲ.①海洋环境-生态恢复-
研究-宁波 Ⅳ.①X145

中国版本图书馆 CIP 数据核字（2020）第 207328 号

责任编辑：杨传霞
责任印制：赵麟苏

海洋出版社 出版发行

http://www.oceanpress.com.cn

北京市海淀区大慧寺路 8 号 邮编：100081
中煤（北京）印务有限公司印刷 新华书店北京发行所经销
2020 年 10 月第 1 版 2020 年 11 月第 1 次印刷
开本：889mm×1194mm 1/16 印张：11.75
字数：258 千字 定价：148.00 元
发行部：62132549 邮购部：68038093
海洋版图书印、装错误可随时退换

《宁波市海洋生态修复实践与发展》
编著人员名单

主要编著者：刘红丹　金信飞　徐　坚

参与编著人员：沈　忱　吴卫飞　应　弘

周雪蓉　刘　续　甘付兵

钱茹茹

前　言

随着社会经济的不断发展，海洋资源的价值越来越被人类所重视。然而，在海洋资源的开发利用过程中，产生的废弃物也越来越多。这些废弃物绝大部分进入海洋，产生了海洋污染。另外，某些海洋开发活动可能会直接影响海洋生态系统，造成某一个海域的生物灭失。因此，合理和适度地开发海洋，科学地开展海洋生态修复显得尤为重要。

宁波市地处我国海岸线中段，是浙江省海洋经济发展的核心示范区，在促进浙江海洋经济发展中具有重要的战略地位。全市海域总面积为 9 758 km²，海岸线总长为 1 562 km，拥有"港、渔、景、岛、涂、油"等海洋资源，具有发展海洋经济得天独厚的组合优势。宁波市的海洋开发活动历史较为悠久，围填海历史可以追溯至明清时期。近些年来，频繁的海洋开发造成的生态环境问题也较为突出和典型。

党中央海陆统筹发展目标的提出，以及自然资源部成立的契机，为宁波市的渔洋生态修复提供了有利条件。本书从海洋生态系统服务功能需求角度出发，通过宁波市存量围填海调查、大陆岸线测量、海岛岸线测量、蓝色海湾申请、海岸带修复工程，以及各县（市、区）围填海项目生态评估与修复等相关工作，对已开展的海洋生态修复相关工作进行收集、整理、概括，对成功的修复经验进行了认真分析、总结和探索，呈现较为完整和典型的海洋生态修复方案。通过对典型的生态修复案例研究，建立优化的海洋生态修复工作程序。针对不同的海域、海岸带开发现状与存在的问题，寻找最适合的海洋生态修复方案，从而解决具体的海洋环境问题，以期为宁波市后续开展海洋生态修复提供案例参考和理论依据。

全书共分为 8 章。第 1 章绪论，主要介绍了海洋生态修复研究背景和研究意义，以及本书的主要内容；第 2 章研究区域背景，介绍了宁波市的自然环境、社会经济、海洋生态环境现状和大陆岸线资源概况，探讨了目前宁波市存在的海洋生态问题；第 3 章对宁波市目前开展的蓝色海湾建设、海洋生态文明示范区建设、围填海工程生态评估进行了介绍；第 4 章系统介绍了目前应用较为普遍的海洋生态修复技术；第 5 章分析研究了目前宁波市典型的 7 个生态修复案例；第 6 章探讨了宁波市海洋生态修复发展方向、重点布局；第 7 章主要对开展海洋生态修复的技术、政策、资金保障措施进行了介绍；第 8 章对宁波市海洋生态修复现状进行了思考总结，提出了对未来工作的建议。

本书在编写过程中，得到了宁波市自然资源和规划局及地方各县（市、区）自然资源主管部门的大力指导和帮助，在此致以诚挚谢意！宁波市盛甬海洋技术有限公司的其

他同事在相关工作的开展和本书的编著过程中给予多方帮助，谨致谢忱！

　　由于作者水平所限，本书在编写过程中难免有不足之处，敬请广大读者批评指正！

编　者

2020 年 5 月

目 次

第1章 绪 论

1.1 海洋生态修复研究背景

1.1.1 海洋开发与生态修复契机

海洋资源被誉为"21世纪的资源"。作为地球上最大的资源宝库，海洋拥有超过90%的水资源，每年可为人类提供$30×10^8$ t的水产品，蕴藏的石油和天然气的可采储量分别占地球总量的45%和50%左右。储量异常丰富的海洋资源，在战略上，对人类未来将发挥重要的作用。

中国是海洋大国。根据自然资源部海洋战略规划与经济司2019年4月颁布的《2018年中国海洋经济统计公报》：2018年全国海洋生产总值为83 415亿元，比2017年增长6.7%，海洋生产总值占国内生产总值的比重为9.3%。其中，海洋第一产业增加值为3 640亿元，第二产业增加值为30 858亿元，第三产业增加值为48 916亿元，海洋第一、第二和第三产业增加值占海洋生产总值的比重分别为4.4%、37.0%和58.6%。据测算，2018年全国涉海就业人员为3 684万人。

然而，在海洋资源开发的同时，也相继出现了海水富营养化程度加重、海水动力减小、水体自净能力下降、赤潮等海洋灾害频发、滨海湿地面积减小、生态系统功能下降、自然岸线减少、岸线受损严重等一系列海洋环境问题。习近平总书记在致信祝贺2019年中国海洋经济博览会开幕时指出，"海洋对人类社会生存和发展具有重要意义，海洋孕育了生命、联通了世界、促进了发展。海洋是高质量发展战略要地。要加快海洋科技创新步伐，提高海洋资源开发能力，培育壮大海洋战略性新兴产业。要促进海上互联互通和各领域务实合作，积极发展'蓝色伙伴关系'。要高度重视海洋生态文明建设，加强海洋环境污染防治，保护海洋生物多样性，实现海洋资源有序开发利用，为子孙后代留下一片碧海蓝天。"从习近平总书记的致信中我们可以看到，开发海洋资源的同时，要重视海洋环境保护，才能实现人与海洋和谐共生。海洋生态修复是海洋环境保护的重要组成，通过滨海湿地修复、清淤固滩、滩面清理、生态护岸整治、增殖放流等一系列措施对海域、海岸带开展综合整治，能够有效解决海洋经济无序开发带来的社会、环境和生态问题，通过修复被破坏的海洋环境，实现海洋生态文明建设。

1.1.2　海洋生态修复形成与内涵

1.1.2.1　海洋生态修复的形成发展

退化生态系统是指生态系统结构在自然或者人为的干扰下发生变化，生态系统功能衰退甚至消失，稳定性和生产力下降。生态系统修复或者说恢复就是以退化生态系统为研究对象，修复被损坏的原生生态系统的多样性，维持生态系统健康及更新，帮助生态整合性的恢复和管理的科学过程。

国际上海洋生态修复的研究最早始于20世纪90年代，该时期的海洋生态恢复主要以单个项目形式为主，集中于盐沼、红树林、海藻、珊瑚礁等典型的海洋生态系统；90年代中后期，发达国家开始从宏观层面上制定生态恢复规划，如国家战略规划和区域规划等。例如，美国在2002年制定了"海岸和河口生境恢复国家规划"，并且在2003—2004年，系统整理了关于海洋生态恢复的资料，如"国家海岸生境恢复综述""海岸带生态恢复的系统方法""基于科学的海岸带生境恢复监测"等。

近年来，我国海洋生态环境问题愈发严重，生态保护和生态修复得到国家高度重视。我国的海洋生态修复始于红树林人工种植、水体富营养化污染治理、人工鱼礁投放和增殖放流的开展。在《国家海洋事业发展规划纲要》颁布后，沿海各省、市、自治区对滨海湿地等典型海洋生境的保护、恢复和修复工作也逐步展开。目前，海洋生态修复也已经被列为国土生态统一保护修复的重要组成部分，海陆统筹发展，开展"山水林田湖草海"系统保护修复。

1.1.2.2　海洋生态修复的概念及内涵

"山水林田湖草海"系统保护修复，就是通过维持其较高的稳定性，最终实现生态系统良好的可持续性。在这一框架下，海洋生态修复可以定义为：基于海洋生态系统的健康要求，综合运用工程、技术、经济、行政、法律等手段，因地制宜地保护与修复受损的海洋生态系统结构、提高生态系统保护能力、完善区域生态格局、维护和增强生态系统服务功能，使生态系统对长期或突变的自然或人为扰动保持弹性和稳定性，最终实现海洋生态系统的可持续性，主要包含三方面内容。

（1）海洋生态修复的本质是对"人-海"关系的再调适，其目的是维护海洋生态系统本身的完整性和弹性，保障海洋生态系统健康，提高海洋保护利用综合效率和效益，最终达到"人海和谐"。

（2）海洋生态修复不能只关注生态空间，还应关注生产和生活空间。海洋生态问题主要缘起于人对海洋及其临近的陆地资源和空间的不合理开发利用。

（3）海洋生态修复的手段是综合的。要达到保护修复的目的，既包括实施具体的保护修复工程技术措施，还应包括实施严密的管理措施，构建合理的制度体系和运转机制等。

1.1.2.3 海洋生态修复的目标任务

推进陆海统筹。海洋和陆地相互影响，二者之间物质、能量和信息等在不停地交流和交换。海洋的问题大多源于陆地，海洋的问题也影响着陆地。因此，应加强入海河流、排污口的综合整治，从源头上控制入海污染物的排放；加强港口、养殖、海上作业平台的污染防控；调整海岸线及其两侧的开发利用布局，防止陆海相互影响；打通和建设生态廊道，使陆海生物有序迁移；提高海洋资源开发利用水平。

推动海洋保护利用格局优化。海洋保护修复需要统筹考虑"生产、生活、生态"三类空间。通过开展海洋保护修复，推动三类空间布局调整，最终形成内在统一、相互促进的海洋保护利用格局。要实施基于生态系统的管理，以资源环境承载能力为基础，加快推进空间规划的编制与实施，以最严格的空间用途管制，推动空间布局和生产生活方式的转变，推动海洋保护利用格局优化。

筑牢海洋生态安全屏障。海岸带及其近海不仅是我国发展的战略高地，也是保障沿海城市、百姓生命财产安全的生态屏障。应进一步摸清海洋生态和资源家底，对重要的生境和生物群落，加强保护地选划与管理，提升管理能力；对退化的生态空间，加强修复，提升其质量；加强防灾减灾和应急能力建设，建设生态海堤，筑牢生态安全屏障。

建立健全海洋保护修复制度体系。充分整合现有的保护修复和规划等政策，完善海洋保护修复的组织机制、资金筹集机制、监管保障机制等，从资源产权保护、空间规划、资源管理和利用、生态补偿、环境治理、市场机制、绩效考核等多个方面全面形成完善的制度体系。

1.1.2.4 海洋生态修复的对象与措施

生态系统是由生物及其栖息地组成的有机复合体，生物及其栖息地二者相互依存、相互影响。海洋生态系统可划分为海岸带生态系统、岛屿生态系统、浅海滩涂生态系统，以及大洋生态系统。海洋保护修复的重点对象就是海洋生物、栖息地（生境），或者二者兼而有之。因此，海洋生态保护的主要对象就是上述重要生境及其生物群落，应注重尊重自然，划定保护区，保护海洋生态系统原真性和完整性。海洋生态修复重点对象应该是海岸带和海岛的重要生物栖息地（生境）。

1.1.3 海洋生态修复政策背景

海洋生态修复是海洋环境保护的重要组成部分，是《中华人民共和国海洋环境保护法》《中华人民共和国海岛保护法》等海洋环境保护法律法规的体现。为了贯彻落实党的十八大和十九大关于生态文明建设的要求，加强海洋生态环境保护，推进海洋生态文明建设，近年来，国务院陆续出台了《国务院关于加强滨海湿地保护 严格管控围填海的通知》（国发〔2018〕24号）、《关于加强滨海湿地管理与保护工作的指导意见》《海岸线保护与利用管理办法》《湿地保护管理规定》等文件，表明贯彻执行海洋环境保护工作

迫在眉睫。

浙江作为海洋大省，历来十分注重海洋生态环境保护与生态修复。《浙江省海洋生态环境保护"十三五"规划（2016—2020）》中就提出，要积极实施生态环境保护建设和整治修复工程，增强生态承载能力的工作要求；《浙江省海洋功能区划》《浙江省海洋生态红线划定方案》《浙江省海岸线保护与利用规划（2016—2020 年）》《浙江省海岸线整治修复三年行动方案》也同时对海域、岸线提出了整治修复的要求，以此推进海洋生态修复在浙江省的开展。

宁波市人民政府高度重视海洋环境保护与生态修复。在海域开发管理、海洋环境保护和海岛综合管理等方面加强制度建设，组织并制定实施了《宁波市海洋功能区划》《宁波市海洋经济发展规划》《宁波市海洋环境保护"十三五"规划》《宁波市生态保护红线规划》《宁波市水生生物增殖放流实施办法》《宁波市海洋环境与渔业水域污染事故调查暂行办法》《宁波市重污染行业污染整治提升方案》《宁波市大陆岸线整治修复三年实施计划》，为宁波市开展海域生态修复保驾护航。

1.2　海洋生态修复研究意义

1.2.1　落实海洋生态文明建设战略的重要环节

《2017 年中国海洋生态环境状况公报》显示，我国沿海入海排污口邻近海域环境质量状况总体较差，90%以上无法满足所在海域海洋功能区的环境保护要求；监测的河口全部呈亚健康状态，海湾生态系统多数呈亚健康状态；砂质海岸和粉砂淤泥质海岸侵蚀依然严重。面对海洋生态环境保护的严峻形势，有必要实施具有针对性的海洋生态保护修复，改善河口和海湾生态系统，以及生态受损海岛的生态环境状况，为建设美丽海洋奠定基础。

党中央、自然资源部推进海洋生态文明建设的一项重要内容就是保护海洋环境。而加强海洋环境保护，首先要以区域重点海域为抓手，加强重点海域、重点港湾的海域整治，以应对出现的海洋生态环境问题，保护海洋环境。海洋生态修复实施开展将以点带面，为全面实现海洋环境保护和海洋环境质量的提升提供示范和抓手，同时也是落实和贯彻党中央关于"海洋生态文明建设和海洋环境保护"战略的具体举措，是推进生态文明建设战略的重要环节。

1.2.2　保障海洋生态安全的必要手段

目前，我国已建立国家级海洋保护区 81 个，全国各级各类海洋自然保护区和特别保护区（海洋公园）250 余处，总面积约为 12.4×10^4 km^2，将红树林、珊瑚礁、河口湿地和海岛等海洋和海岸带生态系统，中华白海豚等重要生物物种，以及牡蛎礁和海蚀地貌等

海洋自然景观和遗迹纳入保护范围。然而，由于个别保护区未纳入有效管理，不合理的开发利用活动严重影响生态系统安全，出现珊瑚礁白化、红树林萎缩、湿地退化和岸线人工化等问题，甚至危害了国家生态安全。

生态安全在国家安全体系中居于十分重要的基础地位。生态安全提供了人类生存发展的基本条件，同时也是经济发展的基本保障。维护生态安全就是维护人类生命支撑系统的安全。为保护重要的生物物种和海洋生态系统，有必要在采取行政强制手段的基础上，开展海洋生态保护修复，保障国家海洋生态安全。

1.2.3 开展海洋生态环境保护的主要抓手

近岸海域陆源污染严重、海洋资源开发无序过度、海洋生态环境灾害发生频繁等是浙江省海洋生态环境保护的主要制约因素。因此，必须严格执行入海污染物总量控制制度，控制海上污染物排放，加大陆源污染的防治与海上执法，开展海洋环境整治，改善海洋环境；加强海洋保护区的规范化建设，持续实施海域整治工程，深入开展海洋生态修复工程；提高海洋生态修复的实践水准；重视自然与人造沙滩的保护，深入开展沙滩养护、修复及其再生规律研究与实践。

《浙江省海洋生态环境保护"十三五"规划（2016—2020）》也提出，着力加强海洋生态环境保护和修复，着力完善体制机制，着力提升基础保障能力，努力促进浙江省海洋生态环境质量保持稳定，统筹海洋经济的持续发展和海洋资源的合理利用。特别在海洋生态环境保护与修复工程上，应加强现有各级各类海洋保护区建设，完善对海洋保护区的管理和保护，全面推进海洋自然保护区、海洋特别保护区和海洋公园的选划与建设工作；积极推进水产种质资源保护区和产卵场保护区建设；因地制宜开展滨海湿地修复。

1.2.4 提升自然岸线保有率的必要途径

2017 年，国家海洋局印发了《海岸线保护与利用管理办法》。作为我国出台的首个海岸线保护法规，该办法明确将自然岸线纳入海洋生态红线管控。《海岸线保护与利用管理办法》提出了海岸线整治修复的硬要求。一是制定整治修复规划和计划。编制国家和省级海岸线整治修复五年规划和年度计划，并建立全国海岸线整治修复项目库。二是明确整治修复项目实施要求。以提高自然岸线保有率为主要目标，明确了项目的类型、技术标准等内容。三是建立完善整治修复投入机制。

为推动自然岸线的保护，保障地方自然岸线保有率管控目标的实现，全国沿海省、市、自治区一方面实行分类保护，根据海岸线自然资源条件和开发程度，将海岸线分为严格保护、限制开发和优化利用三类，并提出了分类管控要求；另一方面积极组织开展了海岸线整治修复工程。通过对受损岸线进行整治修复，使受损的岸线重新发挥其作用，使整个岸段及水域具备海岸生态和景观功能。

1.2.5　促进海洋经济健康发展的重要措施

海洋生态修复的开展有着良好的社会、环境和生态效应。通过开展海洋生态修复，能有效修复重点港湾、关键岸段受损海域及海岸带的生态环境和生态系统，保障海域水动力的正常流通，提高水体净化能力；同时有效防止岸线持续破坏，维护生态系统的良性循环，有效改善泥沙含量较高的区域水质环境，岸线的保护和修复将改善周边区域居住区配套设施，同时对区域调节气候、环境美化、污染减轻等起到良好的生态效益。

重点港湾、关键岸段区域生态环境得到改善，使涉海产业发展更具前景，整治区域带动周边区域的生态旅游、涉海休闲和生态养殖等产业的发展，成为海洋经济发展的蓝色引擎、绿色门户，以及重要的着力点。重点港湾、典型海岛、关键岸段的修复，能够改善当地居民的居住和生活环境，真正推进地区产业经济社会和谐发展，同时增强对海洋经济发展的支撑作用，产生良好的经济效益。

1.3　本书主要研究内容

1.3.1　宁波市海域生态环境本底状况及环境问题

（1）通过资料收集，简要介绍了宁波市地质环境、陆地海洋水文环境、海洋资源概况，以及宁波市沿海常见的海洋赤潮、海水入侵和风暴潮等海洋灾害。

（2）收集2015—2018年的《宁波海洋环境公报》，分析宁波市近岸不同海域、不同季节的海洋环境概况。对水质、沉积物、生态、渔业资源、陆源排污口状况进行逐一分析。目前，宁波市近岸大部分的海域呈富营养化状态，春季、夏季和冬季以轻度和中度富营养化状态为主，秋季则以中度和重度富营养化状态为主。2011年以来，全市近岸海域沉积物质量总体良好。近岸海域鉴定出浮游植物种数有所下降，浮游动物和大型底栖生物种数呈现上升趋势。

（3）对宁波市大陆海岸线基本情况、分布特征和使用情况进行介绍。截至2018年，宁波市大陆海岸线使用约145 km，占宁波市大陆海岸线总长度的17%。从用海类型来看，交通运输用海类型项目最多，占用岸线55 km，占岸线使用总长的37.6%；其次是特殊用海，占比为32.2%；海堤工程用海占用岸线长度最短，占比为0.4%。

（4）总结宁波市海域存在的主要环境问题为，陆源污染排放量大，海洋生态环境污染依然突出；海岸线过度开发，自然岸线破坏严重；历史围填海问题突出，海洋生物资源及湿地资源受损；海洋开发活动频繁，海洋环境灾害隐患加大四大生态问题。

1.3.2　宁波市开展生态修复现有工作基础

目前，宁波市开展的生态修复相关的工作基础主要有，蓝色海湾整治行动、宁波市海洋生态文明示范区建设，以及 2019 年响应《国务院关于加强滨海湿地保护严格管控围填海的通知》开展的宁波市围填海工程生态评估与修复工程。本书对上述工程内容进行了详细介绍，并探讨了其成果对开展宁波生态修复工作的借鉴意义。

1.3.2.1 宁波市蓝色海湾整治行动概况

2016 年，宁波市入选国家首批"蓝色海湾整治行动"试点城市，中央下达至宁波的 2016—2017 年度海岛及海域保护资金主要用于支持相关项目的实施。选择宁波市重点港湾——象山港梅山岸段及花岙岛开展重点海湾综合治理和生态岛礁建设工程。

从目前蓝色海湾整治实施情况来看，象山港梅山湾综合治理工程已基本建成，花岙岛生态岛礁建设项目主体工程基本完成，剩余建设项目正有序推进，计划 2020 年全部完成。从整治效果来看，通过沙滩整治修复、完善配套服务设施和交通设施、布置生态廊道等，在改善海域海岛海岸带生态环境的同时，也提升了区域生活品质，已然成为当地市民及游客新的休闲娱乐目的地，带来了经济、社会和生态的多重效益。

1.3.2.2 宁波市海洋生态文明示范区发展现状

2012 年，国家海洋局出台《关于开展"海洋生态文明示范区"建设工作的意见》指出，海洋生态文明示范区建设"旨在引导沿海地区在生态文明理念指导下，正确处理经济发展与海洋生态环境保护的关系，推动沿海地区发展方式的转变和海洋生态文明建设"。

为了积极响应国家和浙江省的号召，改善海洋生态环境，宁波市积极开展海洋生态文明示范区创建工作。本书着重介绍了象山县海洋生态文明示范区。该示范区的成功创建使宁波市的海洋经济发展与海洋文明建设站在了新的历史起点上，承担着重要的示范责任和模范使命。

1.3.2.3 宁波市围填海工程生态评估与修复工作现状

截至 2019 年 8 月，宁波市根据党中央、国务院处置历史围填海的决策，按照自然资源部印发的技术导则，结合实际，将宁波市余姚、慈溪、镇海、北仑、鄞州、奉化、宁海、象山 8 个沿海县（市、区）共 185 个历史围填海区块划出 18 个评估单元，面积为 126.0 km²，进行了水文动力环境、地形地貌与冲淤环境、海水水质和沉积物环境、海洋生物生态、生态敏感目标等方面的生态环境影响评估，分类提出对应的方案和措施。

本书以宁波市鄞州区为例，对生态评估报告和生态保护修复方案展开了详细介绍。该案例基于鄞州区几个围填海图斑的生态功能定位，依据围填海项目特征和存在的生态问题，精准施策，规划生态修复内容和重点，具有较强的参考价值。

1.3.3 宁波市已开展海洋生态修复典型案例

目前，宁波市已经开展了许多生态修复工程，本书对石浦港鹤浦海岸带整治修复、

象山县黄避岙乡岸线整治修复、象山县爵溪街道下沙及大岙沙滩整治修复、北仑万人沙滩修复工程、松兰山海岸带修复、慈溪西部岸线—慈溪岸段修复、干岙湿地生态修复 7 个不同类别，且颇具特色的工程案例展开了介绍分析，针对每个案例解析了其海岸开发利用状况和存在的问题，分析了修复的必要性，简要介绍修复方案，最后以图文的形式展示了修复成果。

其中，石浦港鹤浦海岸带整治修复、象山县黄避岙乡塔头旺村岸线整治修复属于人工海岸生态修复；象山县爵溪街道下沙及大岙沙滩整治修复、北仑万人沙滩修复工程属于砂质岸滩生态修复；松兰山海岸带修复工程属于基岩岸滩修复；慈溪西部岸线修复属于淤泥质岸滩修复；干岙湿地生态修复属于湿地修复。

1.3.4　宁波市海洋生态修复发展与重点布局

近年来，宁波市利用中央和地方财政资金支持，开展了一系列海域海岛海岸带整治修复项目，取得了一定成效，进一步推进了海洋生态文明建设，实现社会、经济与生态多重效益。由于国家对滨海湿地保护的重视，对湿地影响较大的围填海工程将成为宁波市今后海洋生态修复的重点。

宁波市于 2018 年 9 月组织开展了宁波市围填海现状调查。经梳理、核定，宁波市围填海历史遗留问题区块 272 个，面积为 139.5 km²，包括已确权已填海未利用区块 16 个，面积为 2.5 km²；已确权未完成填海区块 19 个，面积为 5.0 km²；未确权已填成陆区块 237 个，面积为 132.0 km²。

本书将评估修复区域以象山港为界划分，分别对象山港以北、象山港以南的每个项目进行简要分析。重点探讨了如何面对不同海域条件呈现的不同海洋问题，以及各方案如何提出针对性的修复工程来修复海洋生态环境。

第 2 章 研究区域背景

2.1 宁波市自然环境概况

宁波地处长江三角洲南翼、浙江沿海北部，北临杭州湾，南接三门湾与台州市的三门、天台水陆相连，西接绍兴市的嵊州、新昌、上虞，东濒东海，外有舟山群岛为天然屏障。该区域属亚热带海洋性季风气候，冬季气候温暖干燥，雨量较少；夏季高温多雨，并常有雷电、暴雨、台风等灾害性天气出现。

2.1.1 地理位置

宁波市位于长江流域经济带和我国沿海经济带"T"形交汇区域的南端，长江三角洲的中心地带，是我国最早的对外通商口岸之一，是长三角经济圈海域扇面的核心主体组成部分。宁波—舟山港是我国沿海主要港口之一和区域性中心港口之一，是上海国际航运中心的重要组成部分。杭州湾跨海大桥建成后，长三角中心地区上海与宁波的相互辐射和融合进一步加强。所形成的区位优势，为宁波市作为长三角南翼的经济中心，接轨大上海，融入长三角，建设海洋经济强市提供了良好的外部条件。

2.1.2 地质

宁波市海域的地貌形态主要受燕山运动地质构造的影响，主体构造为北北东向和东西向断裂。海岸线的轮廓、岛屿分布，以及各深水水道与口门的走向皆显示出两组断裂构造方向交织的特征。全新世海侵后形成了各港湾和岛屿。综合海岸特征、岸滩物质组成及动力等因素，岸滩地貌类型主要有：① 临山—西三岸段，是钱塘江河口南岸边滩，江潮流作用强烈，岸滩物质抗冲击性差，常随江道摆动大冲大淤，属不稳定岸滩；② 西三—附海岸段，受钱塘江主槽改道影响，近 240 a 来岸滩稳定地以约 40 m/a 的平均速度向海外推进，属淤涨型岸滩；③ 附海—镇海口、象山港口门附近、门前涂等开阔海湾，为缓慢型淤涨岸滩，其涂质以泥质粉砂为主，近几十年岸滩外推速度 10 m/a 左右；其他包括诸港道边滩、半封闭港湾岸滩、基岩岬角岩岸滩，以及部分开阔水道边滩等属稳定岸滩，淤涨速度相对较为缓慢。

2.1.3　气象

宁波市年平均气温为 16.2~17.0℃。1 月最冷，平均气温为 5.1~5.9℃，8 月最热，平均气温为 27.0~28.1℃。平均气温月际分布成单峰型，且有南高北低的分布趋势。主要异常天气有热带气旋、大风、暴雨、强雷暴雨、强冷空气、浓雾、低温阴雨等。年最大风速为 34.0~40.0 m/s，极大风速大于 40.0 m/s，南部曾出现过 57.9 m/s。每年冬春季早晨多雾，能见度不大于 1 000 m 的雾日多年平均为北仑 28.7 d，梅山 17.2 d，石浦 55 d；雾的持续时间一般不足 3 h，南部最长连续雾日 10 d，北部 4 d。影响宁波市的台风平均每年 2.56 个，1997 年 8 月 18 日台风石浦一带最大风速为 43 m/s。

2.1.4　陆地水文

宁波市水资源丰富，河流众多。甬江是浙江省八大江河水系之一，有姚江、奉化江两大源流，在老市区三江口汇合为甬江，向东北入海。甬江流域主干流姚江全长为 107.4 km，集水面积为 1 884 km²；奉化江全长为 93.1 km，流域面积为 2 223 km²。宁波市境平原河渠纵横，碶闸林立，蓄泄方便。鄞东、鄞西、江北平原水网区毗邻城区，构成市区向四乡辐射的内河水网。姚慈平原及奉化江口、西坞及象山南庄、定山，宁海长街，北仑大碶、柴桥等小河网区，散布于平原水网地带。

2.1.5　海洋水文

宁波市三面环海，海域主要由"五洋三港湾"组成，"五洋"即灰鳖洋、峙头洋、磨盘洋、大目洋、猫头洋；"三港湾"即杭州湾、象山港、三门湾。宁波海域因有长江、钱塘江、甬江及众多河流、溪流注入，夹带着大量泥沙和营养物质。

宁波海域水文要素的时空变化主要受控于太平洋潮波、台湾暖流和江浙沿岸流；台湾暖流和江浙沿岸流的影响范围又受长江径流的影响。本区年平均水温为 17.6℃。8 月水温最高，表层水温为 25.9~30.6℃，平均为 28.1℃；2 月最低，表层水温为 8.7~11.2℃，平均为 9.6℃。盐度的空间分布总体趋势是南高北低，港湾区外高内低。潮波的传播方向由在外海的东南—西北向，变为沿各狭窄的水道或垂向岸线传播；潮波逐渐由前进波转为驻波。本区的潮波性质除杭州湾南岸，即庵东至穿山一线属非正规半日潮，其余皆为正规半日潮。在本市南部近岸，象山县东部和象山港内潮差较大，均在 3.0 m 以上；进入港内潮差渐增，至港底接近 4.0 m。在北部自峙头至镇海，潮差为 1.20~1.75 m，为本区最小；由镇海向西，潮差又增，至西三高达 5.87 m。涨落潮历时，在杭州湾南岸龙山以东及象山港内涨潮历时大于落潮历时；而龙山以西涨潮历时小于落潮历时，且愈向西，历时差愈大；象山县东部的松兰山站则落潮历时略大于涨潮历时。北部（游山站）波浪以风浪为主，南部（松兰山）以涌浪为主的混合浪占绝对优势，南部（松兰山）以南地区以涌浪为主的混合浪为 ENE—ESE 向。年平均波高和月平均波高

（除冬季）南部略大于北部。最大波高游山站为 2.6m，波向为 NW 向，松兰山为 1.7 m，波向为 ESE 向。

2.1.6　海洋灾害

宁波市地处我国东部沿海，东临广阔的西北太平洋，是我国海洋灾害较严重的地区之一。由于特殊的地理位置和气候条件，宁波市的海洋灾害形势复杂，在全球气候变暖和海平面上升的背景下，宁波市风暴潮、灾害性海浪、赤潮等海洋灾害风险不断加大，海啸对宁波市的威胁也有加剧趋势。海洋灾害已对宁波市的海洋经济、海洋生态环境和沿海人民群众的生命财产安全构成了严重威胁。

2.1.6.1　海洋赤潮

因近岸海域富营养化严重，赤潮发生时间提前，新物种出现。在 2006—2011 年间宁波海域发现赤潮 34 起，面积超过 1×10^4 km²，有毒赤潮 4 起，对生态环境造成了一定的影响。2018 年，宁波市近岸海域共发现赤潮 7 起（表 2-1），累计影响面积约 502.05 km²，赤潮生物主要为东海原甲藻、链状裸甲藻、米氏凯伦藻、中肋骨条藻、旋链角毛藻、洛氏角毛藻和夜光藻，其中米氏凯伦藻为有害赤潮生物，链状裸甲藻为有毒赤潮生物。

表 2-1　2018 年宁波市近岸海域赤潮发生情况

序号	发生时间	消亡时间	地点	面积/km²	赤潮优势种
1	5 月 27 日	6 月 6 日	檀头山至渔山海域	210	东海原甲藻
2	6 月 14 日	6 月 29 日	渔山海域	70	东海原甲藻、米氏凯伦藻（有害）、夜光藻
3	7 月 28 日	8 月 3 日	梅山水道	7.35	链状裸甲藻（有毒）
4	8 月 6 日	8 月 16 日	梅山水道	7.35	链状裸甲藻（有毒）
5	8 月 7 日	8 月 9 日	大嵩江口—西沪港	120	旋链角毛藻
6	8 月 22 日	8 月 24 日	黄墩港	80	中肋骨条藻
7	8 月 22 日	8 月 29 日	梅山水道	7.35	旋链角毛藻、中肋骨条藻，洛氏角毛藻

2.1.6.2　海水入侵

2018 年 4 月和 9 月，宁波市继续对象山县贤庠海滨地区 2 条断面实施海水入侵监测，结果表明，33% 的测站为微咸水，其余为淡水，海水入侵现象不明显。与 2017 年相比，入侵程度基本保持稳定。海水入侵示意图如图 2-1 所示。

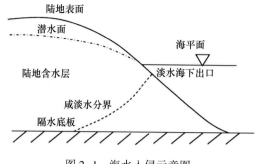

图 2-1　海水入侵示意图

2.1.6.3　风暴潮

夏季宁波市受台风风暴潮的影响，秋、冬季主要受温带风暴潮影响。据统计，1949—2011 年，宁波市发生较明显台风风暴潮灾害的年份有 18 年，发生明显灾害过程 22 次。其中，5612 号、9417 号、9711 号等台风在宁波市引发了特大风暴潮灾害，造成了严重的经济损失和人员伤亡。2018 年，宁波市沿岸共发生 6 次风暴潮过程，包括 1806 号热带气旋"格美"、1808 号热带气旋"玛莉亚"、1814 号热带气旋"摩羯"、1819 号热带气旋"苏力"、1824 号热带气旋"潭美"和 1825 号热带气旋"康妮"（表 2-2）。

表 2-2　2018 年宁波市沿海风暴潮特征值（潮位基面：85 国家高程）　　　　单位：cm

名称	台站	高潮时增水	最高潮位	超蓝色警戒	超黄色警戒	超橙色警戒
1806 号"格美"	镇海	51	263	33	8	未超
	石浦	39	327	12	未超	未超
1808 号"玛莉亚"	镇海	27	231	1	未超	未超
	石浦	15	263	未超	未超	未超
1814 号"摩羯"	镇海	53	289	59	34	4
	石浦	52	367	52	27	未超
1819 号"苏力"	镇海	62	239	9	未超	未超
	石浦	43	252	未超	未超	未超
1824 号"潭美"	镇海	51	263	33	8	未超
	石浦	39	327	12	未超	未超
1825 号"康妮"	镇海	27	231	1	未超	未超
	石浦	15	263	未超	未超	未超

2.1.6.4　灾害性海浪

据统计，2002—2011 年的 10 年间，宁波市邻近海域平均每年出现 4.0 m 以上的巨浪天数为 19.6 d。因巨浪灾害造成的船舶沉没、人员伤亡事故时有发生。2011 年 3 月 18 日，受强冷空气与东海气旋的共同影响，东海海域出现一次 4～5 m 的巨浪过程，造成宁波、舟山两地 5 艘船只沉没，死亡、失踪 28 人，直接经济损失 750 万元。2018 年，宁波市近岸海域出现 4 m 以上巨浪过程的天数有 31 d，其中由台风引起的有 18 d，由冷空气引起的有 13 d。

2.1.6.5　海平面变化

根据 2018 年发布的《中国海平面公报》显示，1980—2018 年，中国沿海海平面上升速率为 3.3 mm/a，高于同时段全球平均水平。沿海海平面持续偏高，长期累积效应直接造成滩涂损失、低地淹没和生态环境破坏，并导致风暴潮、滨海城市洪涝、咸潮、海岸侵蚀和海水入侵等灾害加重。

1990—2018 年，宁波市沿海海平面总体呈波动上升趋势（图 2-2）。2018 年年平均海平面较 2017 年下降 18 mm，但仍较常年值偏高 68 mm。

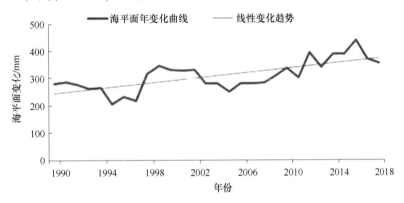

图 2-2　1990—2018 年宁波市沿海平均海平面变化

2018 年与常年同期相比，除 2 月偏低外，其余各月月平均海平面均较常年同期偏高，其中 8 月偏高最明显，达到 176 mm。与上年同期相比，除 5 月、7 月、8 月和 12 月分别偏高 80 mm、50 mm、130 mm 和 230 mm 外，其余各月均偏低（图 2-3）。

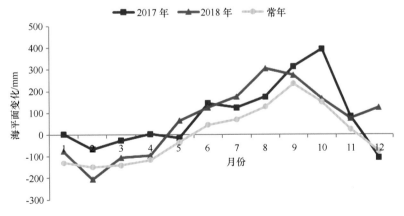

图 2-3　宁波市沿海月平均海平面变化

＊依据全球海平面监测系统（GLOSS）的约定，将 1993—2011 年的平均海平面定为常年平均海平面（简称"常年"）；该期间的月平均海平面定为常年月平均海平面

2.1.7　宁波市海洋资源

宁波市海洋资源丰富，区位优势突出，尤以"港、渔、景、涂"四大资源更为突出，发展海洋产业具有良好的基础。

2.1.7.1　港口航道资源丰富，条件优越，是宁波市发展海洋经济的重要基础

宁波市港口资源丰富，为我国大型深水港的理想港址。特别是北仑港区的深水岸线，15万吨级船舶可自由进出；石浦港是我国四大著名渔港之一，尚有数千米岸线可供开发利用。这些港湾资源组合条件好，分布既广泛又相对集中，为建设多层次、多功能的组合港口提供了有利条件。港域具有峡道型港口特有的地质、水文动力特点。港域内岛屿星罗棋布，水道口门众多，港池岸坡陡，水深条件好，具有口多、腹大、水深、深水岸线紧靠岸边的优点。进出航门多，有利于不同船型、多方位自由通航。岛屿作为天然屏障，形成了良好的避风避浪条件。宁波市锚地众多，这些锚地水面宽阔、水深适中、底质适宜，可锚泊1万~15万吨级的大型船舶。

2.1.7.2　种类多、数量大、种群恢复力强的渔业资源，是宁波市沿海人民致富的有利条件

宁波市海域生态环境独特，渔业资源种类多、数量大，单生殖周期和短生殖周期的种类尤多，种群恢复能力强，是我国重要的渔业产区之一。浅海现存的水产资源总量在4.5×10^4 t以上。按《浙江省综合渔业区划》分析，浙江省沿岸渔场平均鱼产量为12.7 t/km^2，宁波市沿岸渔场面积约为1.5×10^4 km^2，鱼产量估算约为20×10^4 t。象山港是个半封闭的港湾，自然环境优良，生态类型复杂。湾内既有典型的海洋性鱼类进港索饵和洄游繁殖，又有定居性鱼类和滩涂穴居性贝类的栖息、生长和繁衍。生物资源丰富，种类繁多，形成了各种经济水产资源的集中分布区，是浙江省乃至全国的重要海水增养殖区。

2.1.7.3　以"滩、岛、海"构成的滨海旅游资源，为宁波市海洋经济的发展增加了活力

浓郁的海洋自然景观和丰富独特的历史人文景观有机地融合成一体，为发展滨海旅游业提供了良好的条件。"滩"即长江三角洲区域近岸海域少见的海滨沙滩，主要分布在松兰山、白沙湾、皇城、昌国、横山岛、旦门岛山等地，沙细、坡缓、浪静，是天然的海水浴场。"岛"是星罗棋布的无居民岛屿，根据宁波市海域海岛地名普查项目最新的海岛地名普查数据，共有599个。象山的东部近岸岛屿、宁海强蛟群岛等皆有较好的旅游环境，植被保护良好，岛屿周围海洋渔业资源丰富，受海洋水体的调节，气候冬暖夏凉，利于疗养治病和避暑避寒。"海"不但具有大自然赋予的雄壮、绮丽、多变的迷人景色，更是发展游泳、垂钓、冲浪、风帆、游艇、滑水、潜水等文体活动和海洋考察、海洋公园等旅游项目的优良场所。尤其是象山港水域宽阔、风平浪静、水质清洁，是开展各项

现代海洋娱乐活动的理想海域。

2.1.7.4　面积大、分布集中、开发条件优越的滩涂资源，是宁波市重要的海水养殖基地和后备土地资源

宁波市地处杭州湾南岸，长江径流每年挟裹约 $5×10^8$ t 泥沙入海，其中部分扩散南下进入杭州湾，为宁波市北部沿岸海域带来了大量的泥沙，形成了以堆积地貌为主的海岸，提供了丰富的滩涂资源。宁波市的滩涂资源主要集中分布在杭州湾南岸、象山港内、大目洋沿岸和三门湾北岸 4 大片；所处的地理位置和开发所依托的社会经济条件优越，开发历史长，技术成熟；象山港和三门湾区域滩涂是宁波市重要的海水养殖场所；杭州湾区域滩涂开发利用的方向具有更多的适宜性，是进一步优化调整临海工业布局的重要后备土地资源。

2.2　宁波市社会经济概况

2.2.1　社会发展状况

根据《宁波市 2018 年国民经济和社会发展统计报告》，截至 2018 年年底，宁波市拥有户籍人口 603.0 万人，其中市区为 295.6 万人。依据所在区域的城乡划分标准划分，城镇人口为 360.1 万人，占 59.7%，乡村人口为 242.9 万人，占 40.3%。按性别分，男性为 298.5 万人，占 49.5%，女性为 304.4 万人，占 50.5%。截至 2018 年年底全市常住人口为 820.2 万人，城镇人口占总人口的比重（即城镇化率）为 72.9%（表 2-3）。

表 2-3　2018 年宁波市人口统计

年份	年末常住人口 /万人	出生率 /‰	死亡率 /‰	城镇化率 /%
2017	800.5	10.0	4.8	72.4
2018	820.2	9.5	4.7	72.9

2018 年全年全市居民人均可支配收入 52 402 元，比上年增长 8.6%。按城乡分，城镇居民人均可支配收入 60 134 元，增长 8.0%，扣除价格因素影响，实际增长 5.7%；农村居民人均可支配收入 33 633 元，增长 8.9%，实际增长 6.6%。城乡居民人均收入倍差为 1.79。全市居民人均生活消费支出 32 200 元，增长 9.8%。按城乡分，城镇居民人均生活消费支出 36 712 元，增长 10.6%；农村居民人均生活消费支出 21 248元，增长 5.0%。

2.2.2　经济发展状况

宁波市地处我国东南沿海，是个繁华的江南滨海城市，位置得天独厚，位于中国大

陆海岸线中段，东有舟山群岛为天然屏障，北濒杭州湾，管辖海域面积 9 758 km²，海岸线总长为 1 562 km，拥有港口区位、海岛岸线、海洋生物资源、海洋油气资源和海洋旅游五大基础优势。独特的港口优势和丰富的海洋资源成为宁波经济发展的重要支撑，从以传统渔业为主的沿海小城市，宁波市逐渐迈向包含海洋战略性新兴产业和临港工业等领域的全面发展的国际化大都市。

根据《2018 年宁波市国民经济和社会发展统计公报》，2018 年全年全市实现地区生产总值 10 746 亿元，跻身万亿 GDP 城市行列，仅用全国 0.1% 的陆域面积创造了全国 1.19% 的 GDP，按可比价格计算，同比增长 7.0%（表 2-4）。分产业看，第一产业实现增加值 306 亿元，增长 2.2%；第二产业实现增加值 5 508 亿元，增长 6.2%；第三产业实现增加值 4 932 亿元，增长 8.1%。三次产业之比为 2.8：51.3：45.9。按常住人口计算，全市人均地区生产总值为 132 603 元（按年平均汇率折合为 20 038 美元）。全年全市完成农林牧渔业增加值 317.1 亿元，全年全部工业实现增加值 4 953.7 亿元，全年全市固定资产投资比上年增长 3.6%。全年全市批发和零售业完成商品销售总额 2.66 万亿元。

表 2-4　2018 年宁波市国民经济统计

国民经济主要指标	1—12 月	同比增长/%
地区生产总值/亿元	10 745.5	7.0
规模以上工业增加值/亿元	3 730.8	6.3
工业用电量/（10⁸ kW·h）	571.7	8.9
社会消费品零售总额/亿元	4 154.9	8.1
进出口总额/亿元	8 576.2	12.9
出口总额/亿元	5 550.6	11.4
进口总额/亿元	3 025.6	15.7
宁波舟山港货物吞吐量/10⁴ t	108 438.8	7.4
宁波舟山港集装箱吞吐量/万标箱	2 635.1	7.1
实际利用外资/万美元	432 017	7.2
财政总收入/亿元	2 655.3	9.9
一般公共预算收入/亿元	1 379.7	10.8
一般公共预算支出/亿元	1 594.1	13.0
金融机构存款余额（本外币）/亿元	19 150.0	5.5
金融机构贷款余额（本外币）/亿元	19 935.9	12.2
价格（以上年同期为100）/亿元	—	—
居民消费价格总指数/亿元	102.2	2.2
工业生产者出厂价格/亿元	104.2	4.2
工业生产者购进价格/亿元	107.5	7.5
城镇常住居民人均可支配收入/元	60 134	8.0
农村常住居民人均可支配收入/元	33 633	8.9

2018 年全年，宁波舟山港货物吞吐量为 10.8×10^8 t，比上年增长 7.4%，连续 10 年位居世界第一。其中，宁波港域完成吞吐量为 5.8×10^8 t，增长 4.5%。宁波港域全年完成铁矿石吞吐量为 $8\,419.9 \times 10^4$ t，增长 0.4%；煤炭吞吐量为 $5\,797.9 \times 10^4$ t，下降 3.1%；原油吞吐量为 $6\,096.7 \times 10^4$ t，下降 7.3%。全年宁波舟山港集装箱吞吐量为 2 635.1 万标箱，增长 7.1%，超越了深圳港，跃居全球第三大集装箱港，其中宁波港域完成集装箱吞吐量 2 509.5 万标箱，增长 6.5%。2018 年末宁波舟山港集装箱航线总数达 246 条，其中远洋干线 120 条，近洋支线 74 条，内支线 20 条，内贸线 32 条。全年完成海铁联运 60.2 万标箱，增长 50.2%，增速居全国首位。

2.2.3 海洋经济发展状况

7 000 a B. P. 前，宁波先民创造了河姆渡文化。在漫长的历史中，宁波不仅是中国最重要的商埠之一，也是"海上丝绸之路"的起点之一；改革开放以来，宁波港的发展驶入快车道，宁波市揭开了现代化国际港口城市建设的新篇章。可以说，宁波的每一步跨越，都与大海紧密相连，这座伴海而生、依港而兴的城市，经济发展壮大的每一步，都深深烙上蓝色印记。

宁波市近年来依托丰富的海洋资源，实施海洋强市战略。根据《宁波市第一次海洋经济调查工作报告》2018 年宁波市海洋经济总产值达 5 250.82 亿元，实现海洋经济增加值 1 530.82 亿元，占全市 GDP 总量的 14.24%，其海洋经济总量在浙江省各地市中居领先水平，海洋经济已经成为宁波市发展的重要组成部分和强劲的增长点。近年来，宁波市不断培育海洋经济行业龙头企业，主要以海洋新材料、海洋生物医药、海洋工程装备为主导。海洋战略性新兴产业为宁波地区经济社会发展做出了积极贡献，提高了其在国内外市场的竞争优势。"三位一体"港航物流服务体系、杭州湾产业集聚区、梅山国际物流产业集聚区、象山"两区"、海洽会等特色工作的不断推进和实施，有效助推了宁波市海洋经济的发展。

截至 2019 年年底，宁波市海域使用权登记发证的海域使用项目 706 个，用海面积约 19 267 hm²（表 2-5）。

表 2-5 宁波市各行业海域使用情况（截至 2019 年年底）

用海一级类	用海二级类	用海面积/ hm²		占宁波市用海比例/%	
工业用海	船舶工业用海	403		2.1	
	电力工业用海	641		3.3	
	其他工业用海	1 655	3 122	8.6	16.2
	盐业用海	22		0.1	
	油气开采用海	400		2.1	
海底工程用海	电缆管道用海	529	529	2.7	2.7

续表

用海一级类	用海二级类	用海面积/hm²		占宁波市用海比例/%	
交通运输用海	港口用海	2 932	3 643	15.2	18.9
	路桥用海	701		3.6	
	锚地用海	11		0.1	
旅游娱乐用海	旅游基础设施用海	108	167	0.6	0.9
	浴场用海	59		0.3	
排污倾倒用海	污水达标排放用海	4	4	0.0	0.0
其他用海		224	224	1.2	1.2
特殊用海	海岸防护工程用海	257	265	1.3	1.4
	军事用海	6		0.0	
	科研教学用海	2		0.0	
渔业用海	开放式养殖用海	5 589	10 628	29.0	55.2
	围海养殖用海	4 469		23.2	
	渔业基础设施用海	569		3.0	
造地工程用海	城镇建设填海造地用海	545	685	2.8	3.6
	农业填海造地用海	140		0.7	

2.3　宁波市海洋生态环境概况

2.3.1　海洋环境质量

2.3.1.1　海水质量

1）海域水质总体状况

根据 2015—2018 年《宁波市海洋环境公报》，宁波市近岸海域水质总体状况波动较大。其中，符合第一类海水水质标准（清洁海域）的面积呈现振荡下降趋势，2017 年此类面积达到最大，约占全市海域面积的 6.57%，2018 年此类面积最小，只占全市海域面积的 2.05%，较上一年降低 4.5 个百分点；符合第二类海水水质标准（较清洁海域）的面积呈现振荡上升态势，2015—2016 年符合第二类海水水质标准的面积占全市海域面积的百分比提高约 2 个百分点，2017 年略有下降，2018 年比 2017 年提高约 3 个百分点，达11.53%；符合第三类海水水质标准（轻度污染海域）及第四类海水水质标准（中度污染海域）的面积变化趋势相近，呈现稳步下降趋势，分别从占全市海域面积的 17% 和

18.73%降低至8.94%和9.97%；符合劣四类海水水质标准（重度污染海域）的面积在五类海水中面积占比最大，2015—2017年面积基本保持平稳，约占全市海域面积的48.4%，2018年面积达到最大，占67.51%，较上一年增加20个百分点。宁波市近岸海域水质状况如表2-6、图2-4和图2-5所示。

表2-6 宁波市近岸海域水质状况

海域类别	2015年		2016年		2017年		2018年	
	面积/km²	占比/%	面积/km²	占比/%	面积/km²	占比/%	面积/km²	占比/%
第一类海水	2 244	5.75	840	2.15	2 565	6.57	801	2.05
第二类海水	4 097	10.50	4 703	12.05	3 569	9.14	4 500	11.53
第三类海水	6 635	17.00	7 067	18.11	7 246	18.56	3 489	8.94
第四类海水	7 309	18.73	6 949	17.80	7 187	18.41	3 893	9.97
劣四类海水	18 736	48.02	19 474	49.89	18 464	47.31	26 350	67.51

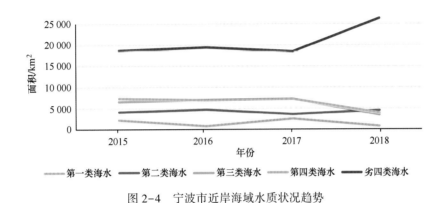

图2-4 宁波市近岸海域水质状况趋势

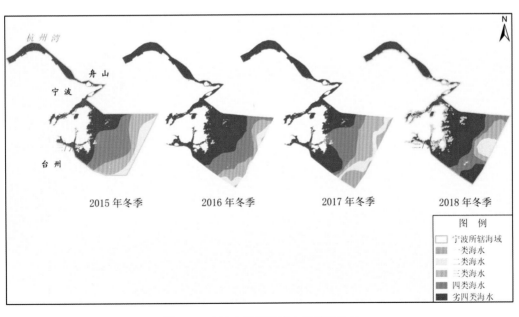

图2-5 宁波市近岸海域水质状况分布

2）海域主要污染物

多年监测结果表明，宁波市近岸海域的主要污染物为无机氮和活性磷酸盐。自 2015 年以来，无机氮平均含量一直处于较高水平，约为 0.8 mg/L（图 2-6），高于 0.5 mg/L（第四类海水水质标准）的标准。其中，2018 年宁波市全年无机氮含量劣于第四类海水水质标准的测站占 98%，与上年相比，无机氮平均含量有所上升。冬季无机氮平均含量低于春季、夏季和秋季。

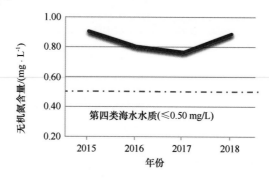

图 2-6 宁波市 2015—2018 年海水无机氮含量变化

活性磷酸盐平均含量呈波动状态，平均含量约为 0.04 mg/L（图 2-7），高于 0.045 mg/L（第四类海水水质标准）。2018 年，全年活性磷酸盐含量符合第四类和劣四类海水水质标准的测站占 82%。夏季活性磷酸盐平均含量低于春季、秋季和冬季。

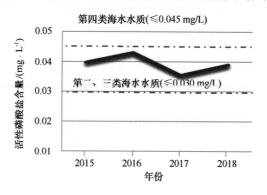

图 2-7 宁波市 2015—2018 年海水活性磷酸盐含量变化

化学需氧量平均含量呈波动上升趋势，但各年含量均低于 2.0 mg/L（图 2-8），符合第一类海水水质标准。全市化学需氧量高的区域主要分布在杭州湾南岸、北仑-大榭港区和象山港海域，冬季化学需氧量平均含量低于春季、夏季和秋季。

石油类平均含量呈缓慢上升趋势，各年含量均低于 0.05 mg/L（图 2-9），符合第一类海水水质标准。秋季石油类平均含量低于春季、夏季和冬季。

铜、铅、锌、镉、铬、汞、砷等重金属含量均符合第一类海水水质标准，从 2015 年以来，锌含量下降趋势明显，铜、铅含量波动较大，其余指标较为稳定（图 2-10）。

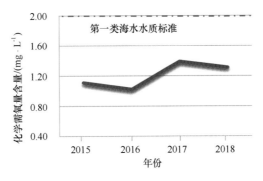

图 2-8　宁波市 2015—2018 年海水化学需氧量含量变化

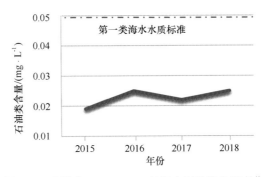

图 2-9　宁波市 2015—2018 年海水石油类含量变化

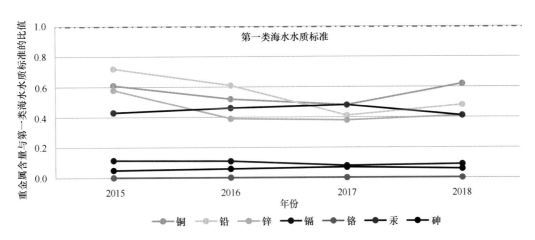

图 2-10　宁波市 2015—2018 年符合第一类海水水质标准的重金属含量变化

3）海水富营养化状况

宁波市近岸大部分的海域呈富营养化状态，春季、夏季和冬季以轻度和中度富营养化状态为主，秋季则以中度和重度富营养化状态为主。重度富营养化海域主要集中在杭州湾南岸、甬江口、北仑大榭港区及象山港等区域。海水中无机氮、活性磷酸盐含量较高导致了近岸海域的富营养化。以 2018 年为例阐述富营养化情况（表 2-7 和图 2-11）。

表 2-7 2018 年宁波市近岸海域富营养化海域面积   单位：km²

季节	轻度富营养化海域面积	中度富营养化海域面积	重度富营养化海域面积	合计
春季	2 977	4 311	1 674	8 963
夏季	1 433	3 911	1 699	7 043
秋季	1 854	2 117	3 281	7 251
冬季	3 358	4 237	1 572	9 167

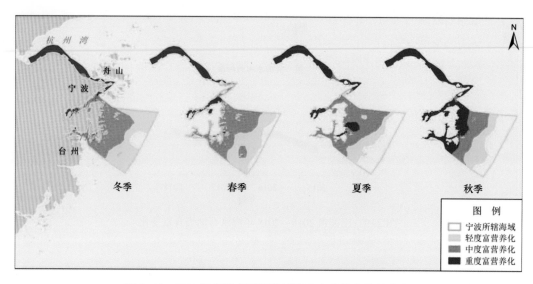

图 2-11 2018 年宁波市近岸海域海水富营养化状况分布

2.3.1.2 海洋沉积物质量

监测结果表明，从 2015 年以来，宁波市近岸海域沉积物质量总体良好，沉积物质量均符合第一类海洋沉积物质量标准，沉积物污染综合潜在风险低。沉积物中主要污染物为重金属铜，含量缓步上升；铅含量波动较大；铬含量近两年显著降低；镉含量近几年大幅度增高，锌、汞、砷含量基本稳定（图 2-12）。

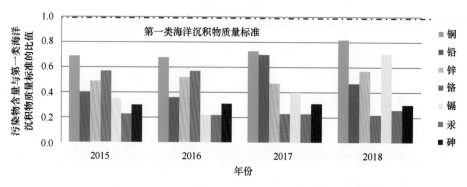

图 2-12 2015—2018 年宁波市近岸海域海洋沉积物质量变化

2.3.2　海洋生态状况

2.3.2.1　海洋生物多样性

　　宁波市近岸海域共鉴定出浮游植物 149~190 种，隶属 8 个门，以硅藻、甲藻为主，两者总量占浮游植物数量的 90% 以上；浮游动物 143~190 种，隶属 15 个门，以桡足类、浮游幼体类和水螅水母类为主，三者总量占浮游动物数量的 70% 以上；大型底栖生物 101~152 种，隶属 10 个门，以软体动物、甲壳动物和多毛类为主，三者总量占浮游动物数量的 70% 以上。通过对比 2015—2018 年监测数据（图 2-13），得出全市海域浮游植物种数有所下降，浮游动物和大型底栖生物种数呈现上升趋势。

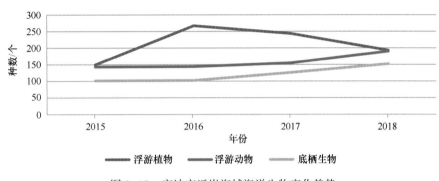

图 2-13　宁波市近岸海域海洋生物变化趋势

2.3.2.2　主要河口、港湾生态环境状况

1）杭州湾（南岸）

　　杭州湾（南岸）全海域均为劣四类海水，主要超标因子为无机氮和活性磷酸盐，2017—2018 年夏季、秋季化学需氧量含量超第一类海水水质标准，其余指标均符合第一类海水水质标准。近几年，无机氮和活性磷酸盐超标状况无明显改善，化学需氧量个别年份有超标情况，铬含量略有升高但符合第一类海水水质标准。

　　海域沉积物质量良好，硫化物、有机碳、石油类、铅、锌、镉、汞、砷含量均符合第一类海洋沉积物质量标准，铜和铬含量符合第二类海洋沉积物质量标准。

　　杭州湾海湾生态系统总体处于不健康状态。主要生态问题表现为港湾内海水富营养化严重，大型底栖生物密度和生物量偏低。

2）甬江口

　　甬江口全海域均为劣四类海水，主要超标因子为无机氮和活性磷酸盐，个别年份石油类含量超第一类海水水质标准，其余指标均符合第一类海水水质标准。无机氮含量各年均劣于第四类海水水质标准，且超标情况无明显改善。近两年，活性磷酸盐含量略有下降，活性磷酸盐含量春季和冬季符合第四类海水水质标准，夏季和秋季劣于第四类海水水质标准。海域沉积物质量良好。

3）北仑大榭港区

北仑大榭港区全海域均为劣四类海水，主要超标因子为无机氮和活性磷酸盐，个别年份夏季化学需氧量含量超第一类海水水质标准，其余指标均符合第一类海水水质标准。无机氮含量各年均劣于第四类海水水质标准，且超标情况无明显改善，活性磷酸盐含量呈下降趋势，化学需氧量含量呈上升趋势。海域沉积物质量良好。

4）象山港

象山港全海域均为劣四类海水，主要超标因子为无机氮和活性磷酸盐，其余指标均符合第一类海水水质标准。无机氮含量各年均劣于第四类海水水质标准，且超标情况无明显改善，活性磷酸盐含量呈下降趋势，化学需氧量含量呈上升趋势。

海域沉积物质量良好，硫化物、石油类、汞、砷、铅、锌、镉、铬、六六六、滴滴涕、多氯联苯含量均符合第一类海洋沉积物质量标准；铜和有机碳含量仅个别站位出现超第一类海洋沉积物质量标准现象，其余均符合第二类海洋沉积物质量标准。

象山港内大米草入侵日趋明显，象山港大米草主要分布在西沪港，导致西沪港内淤积严重，破坏海洋生态系统，并对海港通航构成威胁。

5）三门湾（北岸）

三门湾（北岸）全海域均为劣四类海水。主要超标因子为无机氮和活性磷酸盐，且超标情况无明显改善，其余指标均符合第一类海水水质标准。

海域沉积物质量良好，硫化物、有机碳、石油类、铅、锌、镉、汞、砷含量均符合第一类海洋沉积物质量标准，铜、铬含量均符合第二类海洋沉积物质量标准。

三门湾（北岸）大米草入侵日趋明显，大米草主要分布于双盘涂和蛇蟠涂滩涂，将原有滩涂植物的生长空间全部占用，大量吸取滩涂资源的营养成分，导致许多潮间带生物如贝类、蟹类、藻类、鱼类等窒息死亡。

2.3.2.3　海洋功能区环境状况

1）农渔业区

宁波市每年对所辖的象山港海水增养殖区、杭州湾南岸浅海养殖区、三门湾海水养殖区3个海水增养殖区开展监测，主要影响因子为水体中的无机氮、活性磷酸盐及沉积物中的铜和铬。通过监测得出，3个海水增养殖区海域环境质量状况基本满足海水养殖区的要求。养殖区水体中的无机氮、活性磷酸盐、石油类、化学需氧量含量出现不同程度的超标现象，沉积物中的重金属铜和铬含量超标。

2）海洋保护区

宁波市拥有渔山列岛国家级海洋生态特别保护区和韭山列岛国家级海洋生态自然保护区两个国家级海洋保护区。通过多年监测得出（表2-8），渔山列岛国家级海洋生态特

别保护区内水质超第一类海水水质标准，主要为无机氮、活性磷酸盐超标，溶解氧偏低；
沉积物符合第一类海洋沉积物质量标准；区内领海基点、各类资源保护良好，无外来海
洋生物入侵，人类干扰活动较轻。韭山列岛国家级海洋生态自然保护区内水质超第一类
海水水质标准，主要为无机氮、活性磷酸盐和化学需氧量超标，溶解氧偏低；沉积物符
合第一类海洋沉积物质量标准；区内资源近年来有所恢复，基础设施逐步完善，管理措
施及宣传活动落实良好，人类干扰活动较少。

表 2-8　宁波市海洋保护区概况

保护区名称	面积/km²	主要保护对象	环境状况	监管结果
渔山列岛国家级海洋生态特别保护区	57	渔业资源、岛礁和领海基点、自然景观及生态环境等	水质：超第一类海水水质标准，主要为无机氮、活性磷酸盐超标，溶解氧偏低；沉积物：符合第一类海洋沉积物质量标准	领海基点、各类资源保护良好，无外来海洋生物入侵，人类干扰活动较轻
韭山列岛国家级海洋生态自然保护区	484.78	江豚、大黄鱼、曼氏无针乌贼、珍稀鸟类等生物资源和岛礁生态系统	水质：超第一类海水水质标准，主要为无机氮、活性磷酸盐和化学需氧量超标，溶解氧偏低；沉积物：符合第一类海洋沉积物质量标准	保护区资源近年来有所恢复，基础设施逐步完善，管理措施及宣传活动落实良好。2017年南韭山附近海域观测到江豚。2018年"爱岛护鸟"活动成效显著，保护对象保持稳定，人类干扰活动较少

3）特殊利用区

通过监测，宁波市所辖甬江口海洋倾倒区、象山檀头山临时海洋倾倒区、双礁与黄
牛礁连线以北倾倒区3个海洋倾倒区的总倾倒量呈上升趋势，由2015年的 300.4×10^4 m³
增至2018年的 691×10^4 m³，倾倒物主要为航道、码头清洁疏浚物。倾倒区水深状况基本
保持稳定，能满足继续倾倒的需求。

4）旅游休闲娱乐区

松兰山海水浴场和皇城沙滩海水浴场均位于象山县东海岸，是宁波市主要的旅游休
闲娱乐区，通过多年监测得出，松兰山海水浴场及皇城沙滩海水浴场总体环境状况优良，
适宜游泳，水体中的漂浮物质、pH、溶解氧、粪大肠菌群等指标均符合第二类海水水质
标准。8月台风影响期间，风浪较大，游泳活动受到影响。

5）重点涉海工程用海区

近年来，宁波市对国华宁海电厂、大唐乌沙山电厂、奉化象山港区避风锚地和梅山
水道抗超强台风渔业避风锚地等重点海洋工程项目区域实施了海洋环境影响跟踪监测，
监测结果表明：工程区附近海域水质较好，沉积物质量基本稳定，工程区附近海域的海
洋生物种类数、密度和生物量趋于稳定。

2.3.3 陆源污染物排海状况

2.3.3.1 主要入海河流污染物排放

甬江是浙江省七大水系之一，由奉化江和姚江两江汇集而成。甬江流域全长131 km，流域面积4 572 km²。宁波市每年对甬江进行监测，主要污染因子包括化学需氧量、氨氮、活性磷酸盐、石油类、重金属及砷。2015—2018 年甬江主要污染物总量情况如表 2-9 和图 2-14 所示。

表 2-9　2015—2018 年甬江携带的污染物总量　　单位：t

年份	化学需氧量	总有机碳	总氮	氨氮	总磷	石油类	重金属	砷	总量
2015	97 214	20 333	32 037	4 126	1 440	151	61	7	155 369
2016	89 842	16 519	14 939	4 462	1 189	111	54	3	127 119
2017	96 045	11 370	18 754	2 426	879	76	35	4	129 589
2018	68 493	12 845	22 274	1 950	724	177	37	3	106 503

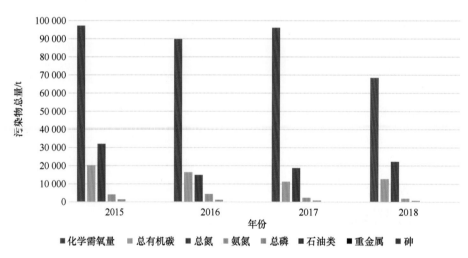

图 2-14　2015—2018 年甬江入海污染物总量比较

由表 2-9 和图 2-14 可知，甬江口环境状况总体一般，但主要污染物总量呈下降趋势。无机氮、活性磷酸盐普遍劣于第四类海水水质标准。化学需氧量、石油类年均值均符合第一类海水水质标准。

2.3.3.2 陆源入海排污口及邻近海域

2015—2018 年对宁波市 4 个重点陆源入海排污口和 15 个一般陆源入海排污口监测得出（表 2-10），各排污口均存在不同程度的污染物超标排放现象，主要超标污染物为化学需氧量、氨氮、悬浮物、总氮、总磷和重金属等，全年超标排放次数比例为 50% 以上。

表 2-10　2015—2018 年宁波市陆源入海排污口监测评价结果

序号	排污口名称	属性	超标污染物	排污口等级
1	宁海颜公河入海口	重点	COD、氨氮、挥发酚、BOD$_5$、悬浮物	C
2	北仑岩东排水有限公司排污口	重点	COD、悬浮物	D
3	大目洋东大河	重点	酸碱度、粪大肠菌群	D
4	鄞州区滨海污水处理厂	重点	BOD$_5$、悬浮物	C
5	小曹娥排污口	一般	pH、COD、悬浮物	D
6	象山石浦水产加工园区排污口	一般	COD、总磷、悬浮物、氨氮	B
7	象山水桶岙垃圾场渗滤液排污口	一般	COD、氨氮、总磷、悬浮物、pH	A
8	象山爵溪东塘闸排污口	一般	COD、氨氮、总磷	A
9	宁波金属园区排污口	一般	COD、pH、悬浮物	D
10	白峰电镀厂排污口	一般	总磷、COD	B
11	象山新光针织印染有限公司	一般	氨氮、悬浮物	D
12	宁波钢铁有限公司主厂区排污口	一般	COD、总氮、锌	D
13	樹西污水处理厂	一般	COD、悬浮物、镉、铬	C
14	西周综合排污口	一般	悬浮物、铬、镉	E
15	爵溪污水处理有限公司排污口	一般	COD、悬浮物、总氮、镉、铅、铬	D
16	杭州湾新区污水处理厂排污口	一般	COD、悬浮物、镉、铬	D
17	水桶岙垃圾场渗滤液排污口	一般	酸碱度、化学需氧量、氨氮、总氮、总磷、生化需氧量、悬浮物	A
18	象山石浦兴港污水处理有限公司	一般	氨氮、总磷、粪大肠菌群	D
19	下洋涂南区排水闸	一般	悬浮物、活性磷酸盐、氨氮、余氯、无机氮	D

2.3.3.3　海洋垃圾

通过对象山县石浦镇岳头沙滩及其附近海域开展海洋垃圾监测，监测项目包括海面漂浮垃圾、海滩垃圾和海底垃圾。结果表明（图 2-15），海洋垃圾以海滩垃圾为主，种类以塑料类和聚苯乙烯泡沫类居多，另外还检出木制品类、玻璃类、金属类、橡胶类、织物类、纸类和其他类。

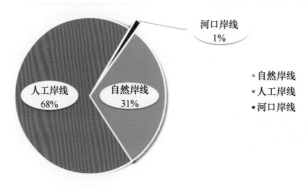

图 2-15 2018 年海洋垃圾种类组成

2.4 宁波市大陆海岸线资源概况

大陆海岸线资源是海洋空间资源的重要组成部分，也是海洋经济发展的重要载体。2016 年宁波市根据浙江省海洋与渔业局印发的《关于开展全省大陆海岸线调查的通知》（浙海渔规〔2015〕11 号）要求，开展了宁波市大陆海岸线调查工作；2018 年根据国海发〔2017〕15 号文件、浙海渔规〔2018〕5 号文件和《2018 年大陆海岸线动态监视监测工作方案》的要求，开展了 2018 年宁波市大陆海岸动态线监视监测调查工作，及时更新了宁波市大陆海岸线调查统计成果。

2.4.1 大陆海岸线基本情况

根据 2018 年宁波市大陆海岸线监测数据，全市大陆海岸线总长约为 830 km，其中自然岸线约为 254 km，人工岸线约为 565 km，河口岸线约为 11 km，自然岸线保有率约为 31%。海岸线类型统计如图 2-16 所示。

图 2-16 2018 年宁波市海岸线类型统计

从自然岸线类型来看，包括原生基岩岸线、原生砂砾质岸线、整治修复的砂砾质岸线、自然恢复的淤泥质岸线、整治修复的淤泥质岸线和红土岸线。主要类型为原生基岩岸线，长度约为 166 km，占自然岸线的比例为 65.2%；其次为自然恢复的淤泥质岸线，占自然岸线的比例为 28.3%；最少为红土岸线，仅占自然岸线的比例为 0.3%（图 2-17）。

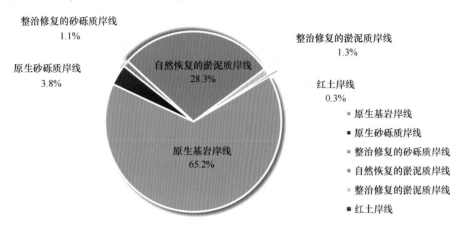

图 2-17　2018 年宁波市海岸自然岸线类型统计

从人工岸线类型来看，包括了海堤、码头、防潮闸、道路、船坞及其他类型人工岸线（如堆场、沙场、墙基等）。主要类型为海堤，长度约为 451 km，占人工岸线的比例为 79.7%（图 2-18）。

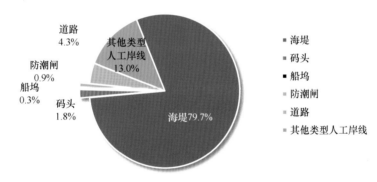

图 2-18　2018 年宁波市海岸人工岸线类型统计

2.4.2　大陆海岸线分布特征

2.4.2.1　宁波市自然岸线分布特征

宁波市自然岸线包括基岩岸线、砂砾质岸线和淤泥质岸线等。其中，基岩岸线主要分布在宁波市相对开敞的海岸区域，宁波市中部：北仑穿山半岛东侧、奉化区多山的海岸区域（松岙镇、黄贤村沿岸）、象山乌沙山电厂至墙头西沪村；宁波市东部：涂茨镇跃进塘至毛湾村、爵溪街道磨石礁至松兰山景区、旦门红岩风景区、昌国岭头村至石浦镇铜瓦门；宁波市中西部：宁海隔洋塘村至泗洲头镇大麦塘一带。

砂砾质岸线零星分布在基岩岬角间岸段，主要在北仑洋沙山，象山松兰山景区、红岩风景区、半边山风景区和中国渔村阳光海岸景区。

淤泥质岸线主要分布在杭州湾大桥西侧、鄞州大嵩江两侧、三门湾、西沪港、岳井洋、蟹钳港和泗洲头港内，该类岸线外侧滩涂淤涨，形成滨岸沼泽，已基本恢复了自然岸滩形态和生态功能。

2.4.2.2 宁波市人工岸线分布特征

宁波市人工岸线包括海堤、码头、船坞、防潮闸、道路和其他类型人工岸线。其中，海堤和防潮闸在宁波市各县（市、区）海岸区域均有分布，主要用于防潮护岸、围垦、渔港口航运等开发活动；码头主要分布于金塘水道、穿山港、象山港中部及象山县东部区域；船坞主要分布于穿山港和象山港；道路集中分布于奉化区石沿港、宁海县铁港，零星分布于北仑区梅山水道、象山县西沪港、象山县东部、泗洲头港和宁海县一市镇沿海等区域；其他类型人工岸线主要分布于宁波市中部及南部县（市、区），北仑区、鄞州区、奉化区、宁海县和象山县均有分布。北仑区和奉化区其他类型人工岸线主要为护岸及船厂，鄞州区、宁海县和象山县其他类型人工岸线主要为护岸及养殖塘围堤。

2.4.3 大陆海岸线使用情况

截至2018年，宁波市大陆海岸线使用约145 km，占宁波市大陆海岸线总长度的17%。从用海类型来看，交通运输用海类型项目最多，占用岸线55 km，占岸线使用总长的37.6%；其次是特殊用海，占比为32.2%；海堤工程用海占用岸线长度最短，占比为0.4%（图2-19）。

图 2-19　宁波市大陆海岸线使用

（按用海类型）统计

按各县（市、区）统计来看，2018年宁波市象山县和北仑区大陆海岸线实际使用长度最长，分别占宁波市大陆海岸线使用长度的30.1%和28.3%；其次为慈溪市，占比为17.7%；鄞州区岸线使用长度最短，占比0.6%（图2-20）。

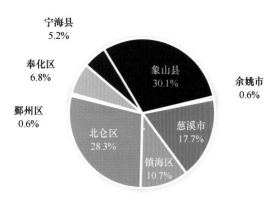

图 2-20 宁波市各县（市、区）
岸线使用长度统计

2.5 宁波市海洋生态环境现状及存在的问题

2.5.1 陆源污染排放量大，海洋生态环境污染依然突出

根据宁波市多年海洋环境公报数据显示，陆源污染是宁波市海洋环境污染的主要因素。陆源污染主要指沿岸工业、生活、农用化肥和养殖等活动产生的废水和固体废弃物倾倒入海导致海洋污染。

统计结果显示，陆源污染物存在超标排放现象，主要污染因子包括化学需氧量、氨氮、活性磷酸盐、石油类、重金属及砷。其中，甬江口及象山港主要污染物入海通量呈逐年下降趋势，但化学需氧量、总氮、总磷存在超标现象且无明显改善；入海排污口均存在不同程度的污染物超标排放现象，主要超标污染物为化学需氧量、氨氮、总氮、总磷等，全年超标排放次数比例为 50% 以上。对海洋垃圾监测显示，海洋垃圾以海滩垃圾为主，主要为海漂垃圾，同时监测发现海边存在违法倾倒废弃物行为。陆源污染物超标排放导致近岸海域水质总体状况变差，全市近一半海域水质常年处于第四类和劣四类海水水质标准，不能满足近岸海域水环境功能要求，入海排污口超标排放，引起排污口附近海域污染物超标、底栖生物减少，违法倾倒废弃物导致海域环境质量下降，都给宁波近岸海域生态环境带来巨大压力。

除生活污水和工业废水排放外，渔业生产活动自身污染也会对海洋生态环境造成影响。有研究表明，海水养殖特别是网箱、围塘养殖投放过量饵料，过剩饵料的腐烂导致水体污染，同时围塘和滩涂养殖使用大量农药进行清塘，清塘的污水和淤泥直接排放入海，造成海水污染和海洋生物死亡。但随着标准化池塘改造的推进、生态养殖模式的推广、网箱养殖削减方案的实施、滩涂养殖的减少以及牡蛎养殖的退出，海水养殖面积在逐年减少，养殖业造成污染的比重有降低趋势。

近年来，宁波市围绕推进海洋生态文明制度建设、重点港湾生态环境综合整治、海洋保护区规范化建设、海洋环境监测与评价、海洋生态系统保护与修复、控制海岸带开发强度等方面做了大量的工作，但海洋生态环境污染依然突出，海洋环境质量和海洋生物情况不容乐观。

2.5.2　海岸线过度开发，自然岸线破坏严重

宁波市大陆岸线长达 830 km，约占浙江省大陆岸线长度的 38%，岸线资源丰富，具有丰富的港口资源和渔业资源。全市自然岸线占比约 31%，自然岸线保有率较低，人工岸线占比较大，达 68%。人工岸线以海堤为主，主要用于海堤、围垦、渔港口航运等开发活动，其次为其他类型人工岸线，主要用于护岸、船厂及养殖塘围堤等。

从统计结果看，受沿海港口、城市建设、工业开发、海水养殖和海洋空间利用等开发利用活动的影响，大陆海岸线资源开发利用程度高，宁波市全市大陆海岸线人工化趋势明显，存在着港口用海、工业用海及渔业用海项目使用岸线比例过大现象。沿海海堤路桥工程、港口、渔业设施、港池航道疏浚等工程建设，会改变周边地形地貌、海湾纳潮量、水动力条件，侵占生物栖息地，导致生物多样性减少、海岸侵蚀，潮间带生态系统遭受破坏，进而影响近岸海域生态的稳定性。

从岸线分布上看，宁波市沿海岸线存在粗放利用和布局不合理现象。由于历史原因，宁波市主要港区布局分散，作业区规模小，降低了岸线利用率；码头整体布局不够集中，部分企业自备码头，深水浅用，而且使用效率低。岸线的粗放利用造成港区功能不协调、资源浪费，难以实现规模化、集约化经营，降低了港口的综合效益和资源利用率；部分石化、电力等临港产业布局不合理，部分区域将污染大的项目布局在近岸地带甚至在环境敏感区，不符合标准的排污直接排至海洋，导致近岸局部海域受陆源污染影响增大，使局部海域生态环境压力增大。

大陆海岸线的开发利用对推动宁波市经济社会的发展以及加快海洋经济建设起到重要作用，但随着开发利用速度不断加快、规模不断增大，开发利用率低下、开发利用不合理、自然岸线破坏严重等问题也逐步显露出来，对区域海洋生态环境造成巨大影响。

2.5.3　历史遗留围填海问题突出，海洋生物资源及湿地资源受损

随着沿海产业带和城镇化建设的进一步扩大，大面积围填海工程兴建，包括临港重化工业和能源基地建设、围涂工程建设、海洋工程开发及沿海涉海工程建设等，在拉动 GDP 快速增长的同时，也对海洋资源环境造成影响。

宁波市历史遗留围填海问题比较突出。一是未经审批实施填海围垦工程，象山县、宁海县、北仑区、杭州湾新区近年来未经审批实施 7 个重点填海围垦工程，违法围填海面积达 $1.03×10^4$ hm²；二是在重点海湾和重点河口区域实施围填海，例如，宁波市杭州湾新区管委会在未取得海域使用权的情况下，在杭州湾湿地海洋保护区内开工建设"建塘江两侧围涂工程"，面积达 5 347 hm²。

围填海工程对近海海域地形地貌、水动力环境及海洋生态环境等方面都会造成影响。一是围填海工程的实施使得附近海域地形地貌发生改变，同时破坏海域原有的性质，造成海床泥沙冲淤、污染物沉积、航道堵塞等影响；二是围填海工程侵占滩涂湿地，使得海洋生物的栖息地减少，对海洋生物的多样性、数量及生态结构造成影响，使近海渔业资源锐减，同时，填料会污染近海生物的生存环境，对生物健康造成危害；三是围填海工程加重海岸侵蚀，改变了海岸带的自然景观，导致近海海域生态自修复能力减弱。

2.5.4 海洋开发活动频繁，海洋环境灾害隐患加大

随着沿海地区城市化、工业化进程的进一步加快，海洋开发活动强度不断加大，依托良好的区位条件和优越的海域资源而发展起来的临港工业和沿海产业带在为国民经济做出巨大贡献的同时，也消耗了大量的海域环境生态资源，环境压力加大，赤潮灾害频繁，海洋生态灾害风险加剧。

宁波市海域水体中的主要污染物（无机氮、活性磷酸盐）含量一直居高不下，水体的富营养化为赤潮生物提供了必备的基础物质条件。目前赤潮也成为宁波市近岸海域的主要生态灾害，每年 5—7 月为赤潮高发期，2005 年以来，最多一年赤潮发生 30 余次，最大损失上千万元，发生的赤潮持续时间最长达 20 d，赤潮最大发生面积 1 000 km² 以上，其中象山港、渔山列岛等区域成为赤潮多发区。

随着"宁波舟山港"的建设，宁波目前已发展成为原油、铁矿、集装箱、液体化工产品，以及煤炭、粮食等散杂货的中转和储存基地，是国内发展最快的综合型大港，特别是沿海近岸一大批化工、油品基地和液体化工码头建设，使宁波近海海域发生溢油、危化品等污染事故的风险大大增加。据统计，宁波近海每年有 5~6 次船舶溢油事故，化工品和溢油污染风险增加。海上油污染对周边的海洋渔业、滨海旅游及海洋生态系统会造成毁灭性的破坏，特别是油膜凝聚物具有潜伏性，海洋生物具有生物富集的特性，石化污染物会在生物链中逐级富集，最终影响人类。

第 3 章　开展生态修复现有工作基础

3.1　蓝色海湾建设

原国家海洋局一直致力于推进实施海洋生态环境整治修复工作，支持沿海各地开展海域、海岛、海岸带整治修复及保护项目。近年来，我国海洋生态环境虽局部区域有所改善，整体上趋缓向好，但仍然处于污染排放和环境风险的高峰期，近岸海域污染整体上依旧较为严重，生态系统退化趋势尚未得到根本扭转，整体形势依然严峻。

党的十八大以来，党中央、国务院作出了加快推进生态文明建设的重大部署，十八届五中全会发布的《中共中央关于制定国民经济和社会发展第十三个五年规划的建议》首次提出"开展蓝色海湾整治行动"，这是吹响了国家公权力进一步强化对海岸带环境治理力度的集结号。"十三五"规划纲要将蓝色海湾整治列为重大海洋工程之一，原国家海洋局也印发了《国家海洋局海洋生态文明建设实施方案》（2015—2020 年），明确要求开展"蓝色海湾"综合治理等重大治理修复类工程项目，蓝色海湾整治行动的主要内容包括重点海湾综合治理和生态岛礁建设两部分。

为贯彻落实"十三五"规划纲要和党的十八届五中全会关于"开展蓝色海湾整治行动"的工作部署，中央财政对沿海城市开展蓝色海湾整治给予奖补支持，统筹支持地方实施"蓝色海湾"等重大修复工程。

3.1.1　宁波市蓝色海湾整治行动概况

海洋是宁波市最大的优势，也是最宝贵的自然资源。为了贯彻落实党中央、国务院、国家海洋局全面推进海洋生态文明建设、预防和控制海洋污染、保护海洋生态环境、"一带一路"等的战略部署，加强市海洋环境和海域海岛资源的保护与修复管理，拟选择宁波市重点港湾象山港梅山岸段及花岙岛开展重点海湾综合治理和生态岛礁建设工程，以点带面，推进全市海洋生态环境治理和海岛生态保护工作。2016 年，宁波市入选了国家首批"蓝色海湾整治行动"试点城市，中央下达至宁波的 2016—2017 年度海岛及海域保护资金主要用于支持相关项目的实施。

通过实施蓝色海湾整治行动，促进宁波市近海水质稳定趋好，逐步修复受损岸线和海湾，滨海湿地面积不断增加；在具有重要生态价值的海岛进行生态修复，促进海岛生态系统保护和宜居海岛建设，提升重点港湾和典型岛礁生态环境监视监测能力，逐步实现"水清、岸绿、滩净、湾美、岛丽"的海洋生态文明建设目标。

从目前蓝色海湾整治实施情况来看，象山港梅山湾综合治理工程已基本建成，花岙岛生态岛礁建设项目主体工程基本完成，剩余建设项目正有序推进，计划2020年底全部完成。从整治效果来看，沙滩整治修复、完善配套服务设施和交通设施、布置生态廊道等，在改善海域海岛海岸带生态环境的同时，也提升了区域生活品质，带来了经济、社会和生态的多重效益。

3.1.1.1 象山港梅山湾综合治理工程

象山港梅山湾位于象山港口、北仑区梅山岛与穿山半岛西南部之间，梅山水道南部，北临春晓镇，南濒梅山岛南部，紧邻宁波市梅山保税港区。象山港梅山湾南部区域是滨海新城的核心区，地理位置优越，具有良好的发展基础和前景，是未来宁波发展的蓝色引擎、绿色门户及重要的着力点。近几年来，象山港梅山湾内梅山大桥、七姓围涂、大嵩围涂及峙南围涂等涉海工程、填海工程的建设，导致梅山湾内滩涂湿地破坏与丧失，湿地资源匮乏。同时，湾内陆源污染和悬沙浓度居高不下，常年水质浑浊，水环境质量下降明显。除此之外，由于保税物流、贸易口岸等相关产业功能区块不断扩张，湾内周边岸线无序糙乱，以人工岸线为主，功能较为单一，生态景观难以满足滨海生活型城市岸线的要求。因此，实施象山港梅山湾综合治理工程能够有效改善湾内海域海岸带生态环境。该工程符合浙江省致力打造"一带一路"倡议的经贸合作先行区的发展要求，符合《浙江省海洋环境保护"十二五"规划》中积极开展生态敏感区的环境保护与生态修复工作要求，符合《宁波市滨海新城空间发展战略规划》中打造梅山滨海新城的建设目标，符合《象山港区域保护和利用规划纲要（2012—2030）》中明确提出的"加强象山港区域海洋生态环境保护与建设，开展海洋生态环境整治修复"的要求。

象山港梅山湾综合治理工程主要通过开展岸线整治修复、生态廊道建设、湿地保护与修复和工程监测及效果评估4项工程，进一步优化梅山水道南部环境状况，实现岸线合理有效地利用，为滨海新城下一步规划和开发奠定景观和环境基础，对增强海岸带区域环境承载能力、增强对海洋经济发展的支撑作用具有十分重要的意义。

3.1.1.2 花岙岛生态岛礁建设工程

花岙岛别名大佛岛、大佛头山，隶属于宁波市象山县高塘岛乡，位于象山县南部的三门湾口东侧，素有"海上仙子国、人间瀛洲城"之称，因其独特的地质地貌景观先后获批国家级海洋公园、省级地质公园。花岙岛作为一个相对独立的典型生态系统，存在的主要海洋生态问题有：岛体部分岸段受损，存在侵蚀风险；生态系统脆弱，珍稀濒危物种生境保护亟待加强；生态旅游景观独特，但基础设施建设较为薄弱；废弃物处理设施不够健全，海岛监视监测能力不足。

花岙岛生态岛礁建设项目将有利于保护和修复花岙岛生态环境，提高海岛开发利用价值。该项目符合《浙江省海洋经济发展示范区规划》中"保持较好的生态环境，形成滨海旅游、湿地保护、生态型临港工业等基本功能"的功能定位，同时，《浙江省重要海

岛开发利用与保护规划象山县实施方案》及《象山县旅游业发展"十二五"规划》中明确将花岙岛定位为滨海旅游岛，实施花岙岛生态修复保护项目也将有力提升花岙旅游形象，促进海岛生态旅游业的可持续发展。

花岙岛生态岛礁建设项目主要通过岛体整治与修复、生态旅游和宜居海岛建设、珍稀濒危和特有物种及生境保护、海岛监视监测站点建设、海岛生态环境调查 5 项工程，进一步改善海岛生态环境质量，有效促进濒危物种的恢复和保护，有利于历史遗迹和文化的传承与保护，提升海岛景观价值和旅游品质，促进海岛可持续发展。

3.1.2　宁波市蓝色海湾整治行动主要举措及效益

3.1.2.1　象山港梅山湾综合治理工程

象山港梅山湾综合治理工程主要包括岸滩整治修复、生态廊道建设、湿地保护与修复、工程建设跟踪监测及影响评估、工程区域海洋经济可持续发展能力建设，共 5 项内容。

1）岸滩整治修复

本工程主要是对梅山湾梅山水道南端，春晓大桥与梅山水道南堤之间的岸滩进行整治并完成沙滩建设，主要内容包括：①沙滩前沿海域定期清淤及垃圾清理，清淤量共计约 $83.7×10^4$ m^3；②在沙滩外侧布置一条长度约 23 km 的水下挡沙堤，防止沙滩沙体流失；③梅山湾梅山水道南端铺设沙滩，拟建沙滩用地总面积约为 $32.33×10^4$ m^2，岸线全长约 1 980 m，整条沙滩岸线分为沙滩广场区、公众沙滩区和浅水沙滩区三大功能区；④沙滩西南侧三角区域拟建设沙滩排球场，面积约为 $1.53×10^4$ m^2，沙滩后方建设其他配套设施，效果图如图 3-1 所示。

图 3-1　人工沙滩和生态廊道整体效果

2）生态廊道建设

在沙滩后方陆域区域建设生态廊道，建设内容包括：①人工沙滩后方陆域区域进行场地平整，拟建设生态廊道区，平整场地面积约 $21×10^4$ m^2；②根据整体效果布局，选取合适树种，建设景观绿化带，总面积约 211 070 m²，并定期对绿化带进行养护；③为美化沙滩附近海域的景观，于绿化带内进行景观工程及其他附属设施建设，效果图如图 3-1 所示。

3）湿地保护与修复

拟于梅山湾西北侧现有滩涂区域开展湿地保护与修复工程，主要通过对滩涂湿地杂物清理、平整滩涂区场地及贯通滩地水系等方式，结合梅山湾湿地环境及水体条件，种植适宜滩涂生长的湿地植物，确保湿地植物覆盖滩涂面积达 50%～60%，美化环境，提升景观效应，效果图如图 3-2 所示。

图 3-2　湿地修复效果

4）工程建设跟踪监测及影响评估

在工程建设期间，于施工海域开展海洋环境跟踪监测及影响评估。同时，基于梅山水道的水闸管理房，开展在线系统能力建设，进行水质、生物、沉积物、水下地形测量等方面的跟踪监测工作，充分了解整治工程前后及整治过程中生态环境影响范围和程度。

5）工程区域海洋经济可持续发展能力建设

对海洋自然资源资产情况、重点涉海和用海企业生产经营情况、涉海固定资产投资和"走出去"情况，以及海洋类园区发展情况进行监测。

3.1.2.2　花岙岛生态岛礁建设工程

花岙岛生态岛礁建设内容主要包括岛体整治与修复、生态旅游和宜居海岛建设、珍稀濒危和特有物种及生境保护、海岛监视监测站点建设、海岛生态环境调查 5 项内容。

1）岛体整治与修复

岛体整治与修复工程主要是对花岙岛进行整治修复并完成沙滩建设和海塘加固，主要内容包括：①滩面清理、铺沙，形成沙滩面积 12×10⁴ m²，沿沙滩靠岸一侧建设绿化长廊及相关附属设施，并隔离保护珍稀古树；②花岙岛东南侧天作塘进行卵石滩整治和坍塌岸段加固修复，提升海塘防御能力，平衡岸滩动力，保障周边人员生活生产安全，效果图如图3-3和图3-4所示。

图3-3　花岙沙滩修复效果

图3-4　天作塘整治工程效果

2）生态旅游和宜居海岛建设

为打造生态旅游宜居岛，落实花岙岛生态岛礁定位，主要建设内容包括：①构建环境友好的环岛生态绿道，即大塘里至软岙生态绿道、景区环岛生态绿道和花岙至清水湾生态绿道，全长约15.90 km；②起于现状香桩码头，终至天作塘，全长约5.35 km的环岛主干道进行提升改造；③花岙岛东北角的香桩码头沿岸岸线进行整治修复，护岸及边坡治理610 m、岸坡及港池清淤疏浚约$15×10^4$ m³；④新建一座垃圾无害化处理站，保障花岙岛生态环境质量，缓解日益增长的游客数量带来的生活垃圾处理压力；⑤重视海防文化保护，进行史料整理与编纂、遗迹的修葺保护、设置宣传碑牌和宣传印象制作。

3）珍稀濒危和特有物种及生境保护

开展花岙岛陆域植物、动物和鸟类等生物调查，对已查明的珍稀濒危和特有物种实施保护，设立海岛监视监测站点展览室，宣传展示珍稀濒危生物和特有物种。

4）海岛监视监测站点建设

借鉴国家海岛监视监测体系建设与运行总体方案，结合生态岛礁建设的实际需求，在花岙岛西北侧入岛码头附近新建 1 个自动观测站，配备水文、气象、水质等生态数据自动观测探头和视频监控系统；新建 1 个集生态环境监视监测、濒危物种和海洋文化宣传展示等多重功能于一体的综合实验室。根据功能不同，综合实验室划分为实验室区、宣传展览区、办公区和生活区。

5）海岛生态环境调查

开展花岙岛及周边海域"三位一体"的生态环境本底调查。具体调查内容包括岛陆生态调查、潮间带生态调查和花岙岛附近海域生态环境调查等。同时进行项目施工前、中、后的环境调查，施工过程的监督管理，以及生态评估，根据监测和评价结果制定后期维护方案。

3.1.2.3　蓝色海湾整治行动效益分析

1）生态效益

以象山港梅山湾综合治理工程和花岙岛生态岛礁建设为依托的宁波市蓝色海湾整治行动，能有效修复宁波市重点港湾关键岸段受损海域及海岸带的生态环境和生态系统，保障海域水动力的正常流通，提高水体净化能力；同时有效防止岸线持续破坏，维护生态系统的良性循环，有效改善泥沙含量较高的区域水质环境，岸线的保护和修复将改善周边区域居住区配套设施，同时对区域气候调节、环境美化、污染减轻等具有良好的生态效益。花岙岛生态岛礁建设将对宁波市典型生态岛受损岛体进行修复，有效维持海岛生态系统的稳定性和整体性，改善海岛生态环境，保护历史文化遗迹，提升海岛居民宜居性和游客舒适性，促进生态系统保育保全、珍稀濒危和特有物种及生境保护，对维护海岛物种多样性具有重要意义。

2）经济效益

宁波市蓝色海湾整治行动将使重点港湾关键岸段区域生态环境得到改善，使涉海产业发展更具有前景，整治区域带动周边区域的生态旅游、涉海休闲和生态养殖等产业的发展，成为宁波市海洋经济发展的蓝色引擎和绿色门户，以及重要的着力点。

项目实施的同时，进一步优化宁波市重点港湾关键岸段岸线，对增强海岸带区域环境承载能力，增强对海洋经济发展的支撑作用具有十分重要的意义。重点港湾治理和典型生态岛建设，将大大提升区域及周边的海洋环境状况、景观效果及相应的配套实施，大大改善区域的投资环境，提高区域的吸引力，增加区域投资额，带动相关产业的发展，间接产生经济效益，实现生态红利的持续释放。项目的实施可以减轻生态破坏造成的经济损失，生态环境的改善也有利于提高海岛及周边海域的开发利用价值，具有显著的经济效益。

3）社会效益

宁波市蓝色海湾整治行动将在重点港湾典型海岛关键岸段修复沙滩，同时开辟供人游泳、休闲漫步的场所，改善当地居民的居住生活环境，真正推进地区产业经济社会和谐发展。项目的实施还将进行湿地的整治和修复，发挥湿地在生态环境中的调节作用，

使区域居住、休闲、旅游适宜性大大提高，同时还可以为周边居民提供良好的生产生活环境。随着宁波市蓝色海湾整治行动成效的逐渐显现，区域知名度将大大提高。以整治区域为示范，带动其他区域进行相应的整治修复工作，使宁波市蓝色海湾整治行动全面铺开，全面改善宁波市海域和海岛状况。项目重点港湾和典型生态岛礁污染控制和环境监视监测措施的先行先试，可有效地控制和改善环境污染问题，保护区域海洋环境。总体来讲，项目的实施社会效益是非常显著的。

3.2　海洋生态文明示范区建设

改革开放以来，中国海洋经济持续保持高于同期国民经济的增长速度，在成绩面前不可忽视的是，长期以来粗放分散的海洋经济开发模式导致海洋开发秩序混乱，岸线资源浪费严重，海洋生态过度透支，沿海产业发展与海洋资源环境承载力之间的矛盾日益突出。在此背景下，党的十八大报告在"大力推进生态文明建设"部分中，对我国的海洋工作明确指出要"提高海洋资源开发能力，发展海洋经济，保护海洋生态环境，坚决维护国家海洋权益，建设海洋强国"的战略部署。中共中央、国务院发布《关于加快推进生态文明建设的意见》，强调了要加强海洋资源科学开发和生态环境保护。为贯彻落实"海洋强国"战略和生态文明建设的总体部署，原国家海洋局于2012年和2015年先后两次下发鼓励有条件的沿海县（市、区）申报国家级海洋生态文明示范区的通知，并出台了《国家海洋局海洋生态文明建设实施方案》（2015—2020年），为海洋部门推进海洋生态文明建设提供了行动指南。海洋空间发展与我国生态文明建设相结合，进一步突出了海洋生态文明建设的重要性和紧迫性。

浙江是沿海大省，浙江省委、省政府一直高度重视生态文明建设，先后出台了一系列重大决策部署，认真实践"两山理论"，推动生态文明建设取得了重大进展和积极成效。2011年2月，国务院正式批复《浙江海洋经济发展示范区规划》，浙江海洋经济发展上升为国家战略，成为国家海洋经济发展战略和区域发展战略的重要组成部分，这既为推动浙江海洋经济发展提供了新的机遇，也对加快海洋经济发展的同时如何保护海洋生态环境、推进生态文明建设提出了新的要求。继浙江省委、省政府出台《关于推进生态文明建设的决定》《关于加快发展海洋经济的若干意见》《"811"生态文明建设推进行动方案》之后，面对新时期新形势，浙江省海洋与渔业局适时发布《浙江省海洋生态环境保护"十三五"规划（2016—2020）》，明确了浙江省海洋生态环境保护的重点任务，并提出了"到2020年，创建省级以上海洋生态建设示范区不少于10个"的预期目标。作为浙江海洋经济发展示范区的重要战略定位之一，建设海洋生态文明示范区，成为未来浙江省沿海相关地区发展的必然选择。

3.2.1　宁波市海洋生态文明示范区概况

作为沿海开放城市，宁波市有责任担当起为建设美丽浙江、美丽中国先行探索的使命。为认真贯彻落实党的十八大关于加快生态文明建设的重大战略部署，把生态文明建设深刻融入和全面贯穿到经济建设、政治建设、文化建设、社会建设的各方面和全过程，宁波市委、市政府先后制定并实施了《宁波市生态市建设规划》《加快生态文明建设的决定》《宁波市加快建设生态文明五年行动纲要（2011—2015）》《中共宁波市委关于加快发展生态文明努力建设美丽宁波的决定》，对全面发展生态文明、建设美丽宁波做出了具体要求和总体部署。《宁波市海洋事业"十三五"规划》在"强化海洋生态环境保护"部分中明确提出要"推进海洋、海岛生态示范区建设"，海洋生态文明建设适逢良好的发展机遇期。2013 年 3 月，宁波市象山县成为国家首批海洋生态文明建设示范区。象山县海洋生态文明示范区的成功创建承担着重要的示范责任和模范使命，站在新的历史起点上，发展海洋经济，推进海洋生态文明建设。

宁波市象山县位于长三角南翼，浙江省中部沿海，位于宁波、舟山和台州交汇处，连接长三角经济区和海西经济区。地处象山港与猫头洋之间，三面环海，两港相拥，是半岛型海洋大县，自然环境良好，区位条件优越。象山县高度重视海洋生态环境保护和建设，积极倡导和推进海洋生态文明建设，逐步使象山成为海洋资源丰富、经济发达、生态环境良好、风景优美、舒适宜居、人与自然和谐相处的典型海洋生态文明县，并逐步成为宁波、杭州和上海等大都市的后花园。近年来，象山在海洋生态文明建设方面成绩突显。

3.2.1.1 海洋产业发展方兴未艾

改革开放以来，象山人敢于创新，扬长避短，走特色发展之路，形成了具有较强竞争力的海洋优势产业，其中包括临港产业、港航服务、滨海旅游和现代渔业等。港航服务业蒸蒸日上，临港产业蓬勃兴起，以海洋装备、新型能源、船舶制造为重点的临港工业初具规模，海洋运输总运力达 152.6×10^4 t。滨海旅游异军突起，拥有 4 家 4A 级国家旅游度假区，2018 年接待游客超过 2 510 万人次，荣获"最受欢迎的浙江旅游目的地"等称号。现代渔业保持领先水平，石浦水产品加工园区是国家首批农产品加工示范基地，象山海鲜声名远扬。

3.2.1.2 生态环境得天独厚

象山生态环境优美，山、水、海相融相映，素有"东方不老岛、海山仙子国"之美誉，拥有韭山列岛国家级自然保护区、渔山列岛国家级海洋生态特别保护区和国家级海洋牧场试验区，是全国生态示范区、省级生态县。全县森林覆盖率达 58%，成功创建浙江省森林城市，全年空气质量优良率达 96% 以上，列宁波各县（市、区）首位，被称为"天然氧吧"。

3.2.1.3 海洋资源举不胜举

象山兼具"海、山、滩、涂、岛、礁、湾"资源，组合优势明显。象山拥有辽阔的海域，海域面积 6 618 km²，海面上大小岛屿密布，共有海岛 508 个，其中有居民海岛 10 个。无居民海岛 498 个，占宁波海岛数的 80%。全县海岸线长 925 km，占全省的 1/8。其中大陆岸线 349 km，岛礁岸线 576 km。沿海港湾众多，北部的象山港是全国著名的深水良港，多处建有万吨级以上泊位。滩涂资源丰富，拥有可围垦面积 1.93×10⁴ hm²，具有淤涨型、面积大和完整性好等特点。渔业资源优良，南部的石浦港是全国六大一级中心渔港之一，国家二类开放口岸。海洋旅游景观 300 余处，主要集中在象山港内和象山县沿岸。此外，还拥有丰富的潮汐能、太阳能、风能等资源及核电选址，清洁能源发展前景良好。

3.2.1.4　生态文明意识浓厚

6 000 多年的文明史、1 300 余年的立县史孕育了渔文化、象（吉祥）文化、丹（不老）文化等海洋特色文化，拥有国家级非物质文化遗产 6 项、省级 15 项，被列为国家级海洋渔文化生态保护实验区、省级非遗保护综合试点县，连续举办 20 届"中国开渔节"，被列为全国十大民俗节庆、纳入中国农民丰收节系列活动，中国海洋论坛、徐福文化象山研讨会影响力进一步提升。早在 2000 年，象山县 21 位渔老大率先发起了中国渔民"蓝色保护志愿者"行动，呼吁人们保护海洋生态环境，共同促进海洋资源的可持续利用。自 1995 年实行伏季休渔期以来，象山县每年举办"中国开渔节"，通过在开渔节上对海洋环境保护的广泛宣传，"善待海洋就是善待人类自己"这一宗旨已经深入人心。

3.2.2　国家级海洋生态文明示范区建设规划——以宁波市象山县为例

3.2.2.1　总则

1）规划背景

党的十七大在强调坚持中国特色社会主义经济建设、政治建设、文化建设、社会建设的基础上，首次提出要推进社会主义生态文明建设。我国海陆兼备，在海洋有着广泛的战略利益。党的十八大又明确提出大力推进生态文明建设，建设海洋强国的战略部署。国家把推进海洋生态文明建设列为"十二五"期间海洋工作的主要任务，通过坚持规划用海、集约用海、生态用海、科学用海和依法用海，使海洋为中国经济发展注入新的活力，提高海洋生态的承载力，实现人-海和谐。海洋生态文明建设已成为促进海洋经济可持续发展和建设现代化海洋强国的必然选择。浙江省委、省政府出台了《"811"生态文明建设推进行动方案》，明确了"十二五"期间浙江省生态文明建设的具体要求和总体部署。海洋生态文明建设正面临着难得的历史机遇。

象山是海洋大县，优越的区位条件和辽阔的海域是经济社会实现可持续发展的重要载体和战略空间，海洋是象山县发展的重点所在，也是特色所在。"十一五"期间，象山县着力优化海洋空间布局，重点发展临港型海洋产业，2011 年全县实现海洋生产总值

124亿元，占全县生产总值的39%，基本形成以新型能源、船舶制造、海洋旅游、海洋渔业等为主的产业体系。与此同时，积极探索海洋生态环境保护与海洋资源合理利用新途径，在全国县域经济体中率先制定海洋生态环境保护与建设规划，全面落实海洋功能区划，积极建设韭山列岛国家级海洋生态自然保护区、渔山列岛国家级海洋生态特别保护区和国家级海洋渔文化生态保护实验区，基本实现海洋环境与经济协调发展，也为创建海洋生态文明示范区奠定了扎实的基础。

象山县"十二五"及以后一段时间进入了新桥海时代，是实现从海洋资源大县向海洋经济强县跨越的关键时期。象山县将依托丰富的海洋资源，积极推进富有象山特色的"海陆一体、统筹兼顾、科学发展"的海洋开发保护新模式，保护海洋生态和弘扬海洋文化，努力打造以海洋产业为主体，海洋生态、海洋文化为两翼的"一体两翼"海洋经济发展新格局。

根据党中央、国务院关于生态文明建设的战略部署，为深入贯彻落实科学发展观，象山县积极创建国家级海洋生态文明示范区，促进海洋生态文明建设与经济、社会发展协调，进一步促进实现海洋经济强县和美丽象山的目标。

2）意义和必要性

（1）海洋生态文明示范区建设的意义

随着《浙江海洋经济发展示范区规划》等国家战略的实施，象山县列为浙江省海洋综合开发与保护试验区。象山港大桥于2011年底建成通车，届时将进入"宁波半小时、杭州两小时、上海三小时"交通圈，象山成为宁波大都市区重要的滨海功能区。随着象山境内沈海高速甬台温复线的全线贯通，象山将成为连接长三角经济区和海西经济区、环杭州湾产业带和温台产业带的重要节点，区位优势将更加显著。

在新时期内，象山的经济社会将迎来一个飞跃式发展，经济社会的发展将对海洋资源的需求不断扩大，海洋资源开发利用和依赖程度将不断加深，对海洋生态环境的影响也将不断加大。因此，必须寻求一个科学合理的海洋资源开发利用与保护模式，实现对海洋资源的优化配置，实现经济社会与海洋生态环境的协调发展。海洋生态文明示范区建设，对实现"十二五"海洋事业发展战略和海洋生态文明建设，推动本地区经济社会和谐、持续和健康发展，实现海洋经济强县和美丽象山的战略目标，都具有重要的战略意义。

（2）海洋生态文明示范区建设的必要性

① 建设美丽中国美丽象山的战略需要。党的十八大报告提出了建设美丽中国的战略目标。作为海岛大县之一，象山县是"浙江海洋经济发展示范区"建设的核心区，"面对资源约束趋紧、环境污染严重、生态系统退化的严峻形势"，创建象山县国家级海洋生态文明示范区，把"生态文明建设放在突出地位，融入经济、政治、文化、社会建设各方面和全过程，体现了尊重自然、顺应自然、保护自然的理念"，有利于促进美丽象山战略目标建设。

② 推动经济转型升级和维护海洋资源可持续发展的需要。今后一段时期是象山全面

开启桥海新时代、加快转变经济发展方式、着力打造宁波大都市滨海特色功能区的关键时期。积极推进象山海洋生态文明示范区建设，有利于按照科学发展观的要求，节约集约利用海岛、岸线、海域等海洋资源，规范资源开发行为，在保护海岛、海岸带和海洋生态环境的同时，培育新的经济增长极，实现人–海和谐，推动经济发展方式转型升级和资源社会可持续发展。

③ 有利于满足城乡居民文化的需求，提升社会文明程度。海洋孕育了人类，也是人类文明的摇篮。象山县具有得天独厚的贴近海洋的地理优势，十分有利于发展海洋文化，通过积极探索海洋文化建设来推动象山海洋生态文明示范区建设，将象山建设成为海洋文化强县，有利于满足象山县城乡居民对文化的需求，提升社会文明程度，充分展现象山海洋特色。

④ 推动象山海洋经济强县建设的需要。在浙江"一核两翼三圈九区多岛"功能框架中，象山既是"一核"的重要组成部分，也是连接"两翼三圈九区"的重要节点和支持"多岛"开发的重点。"十二五"时期也是宁波深入实施"六个加快"发展战略、加快建设海洋经济强市的重要时期。充分发挥象山的"海、山、滩、涂、岛、礁、湾"等海洋资源组合优势，有利于有效开发海岛岸线和滩涂资源，加快发展海洋战略性新兴产业，加快培植宁波市海洋经济新的增长点，为宁波市及至浙江省经济发展和城市建设拓展新的发展空间，促进浙江沿海和长三角地区一体化发展。

⑤ 有利于推动浙江乃至全国沿海海洋生态文明示范区建设。立足于国家级海洋生态文明示范区建设，牢固树立蓝色文明发展理念。强化海洋资源有序开发和生态环境有效保护，切实加强海域污染防治和生态修复，加强海域海岛与海岸带整治修复，积极推进低碳技术和循环经济，促进海洋生态文明建设与经济、社会发展协调。进一步挖掘和弘扬海洋文化，增强海洋义明意识，促进人–海和谐共处，为浙江省建设海洋生态文明示范区探索先进模式。同时，辐射带动周边沿海地区的海洋生态文明示范区建设，为其他沿海地区积累并分享海洋生态文明建设的宝贵经验。

3）规划范围和期限

（1）规划范围

规划范围包括象山全部陆域和海域，陆域面积为 1 382 km²，海域面积为 6 618 km²，其中岛屿面积约 180 km²。

（2）规划期限

规划期限为 2012—2020 年，规划基准年为 2011 年。

3.2.2.2　海洋生态文明示范区建设现状分析

1）社会经济状况与海洋产业现状

象山县于唐神龙二年（公元 706 年）立县，因县城西北有山"形似伏象"，故名象山。2011 年，全县人民在县委、县政府的正确领导下，牢牢把握象山港大桥建设和海洋经济战略提升两大历史性机遇，深入实施桥海兴县战略，谋划启动"两区"建设，全县经济保持平稳较快发展，各项社会事业取得了新的进步，实现了"十二五"发展的良好开局。

象山县辖 10 镇 5 乡 3 街道，总人口为 54 万。中心城区建成区面积为 23.9 km²，人口为 11.8 万人（不包括暂住人口）。位列全国综合实力百强县第 63 位，先后荣获全国双拥模范县"三连冠"、全国生态示范区、中国渔文化之乡、中国海鲜之都、国家级海洋渔文化生态保护实验区，以及浙江省文明县城、省教育强县、省文化先进县、省科技强县等荣誉称号。海洋文化内涵丰富，拥有渔文化、象（吉祥）文化、丹（不老）文化、塔山文化、海防文化、海商文化、革命传统文化和地方民俗文化八大海洋特色文化。

象山县区位资源禀赋优越，是一个典型的半岛县，海洋资源极其丰富，海洋产业体系比较完备，优势产业初具规模，海洋经济发达。2011 年全县实现生产总值 319 亿元，其中海洋生产总值为 124 亿元，占地区生产总值的 39%，农渔民人均纯收入为 14 653 元。

象山县海洋优势产业突出，包括滨海旅游业、现代渔业、港航服务和临港工业等。滨海旅游业蓬勃发展，拥有 AAAA 级景区 3 家，年接待游客 830 万人次，荣获"中国最佳休闲旅游县"称号，2008 年象山县成功跻身"浙江省旅游经济强县"。海鲜餐饮业享誉长三角，被授予"中国海鲜之都""中国梭子蟹之乡"称号。现代渔业稳步发展，水产品产量 57.4×10⁴ t，列全国前 5 位，石浦水产品加工园区获"中国水产食品加工基地"荣誉称号，中国水产城进入国家级农业龙头企业行列。港航服务业加快发展，海洋运输业总运力达到 68.8×10⁴ t，货物吞吐量突破 1 000×10⁴ t。以船舶制造业为主体的临港工业快速发展，目前造船能力达到 180×10⁴ DWT。

象山县的海洋生态文明建设始于 20 世纪 80 年代末，在浙江省率先开展渔船股份制改革，积极推进要素市场化配置、资源环境有偿使用等方面改革，逐步形成了高效、规范的市场机制和良好的海洋经济发展环境。近年来，坚持海洋开发与保护并举，坚持海陆统筹发展，有序推进海洋开发和产业转型升级，突出海洋生态环境保护，挖掘弘扬海洋文化，探索形成了海洋产业、生态、文化融合发展、和谐发展、良性发展的海洋综合开发模式，走出了一条切合象山实际的海洋科学开发之路，为促进海洋经济科学发展、建设海洋文明做出了有益尝试。

2）海洋生态环境现状

象山生态环境优美，山、水、海相融相映，全县森林覆盖率达 58%，拥有韭山列岛国家级海洋自然保护区和渔山列岛国家级海洋生态特别保护区，2012 年空气质量优良天数达 357 d，居浙江省之首。

象山三面环海，邻近海域多种流系交汇，随着整个海洋环境质量的下降，以及各种人类行为致灾因素的威胁，加上海水养殖业引起的污染，象山邻近海域的环境质量也不可避免地呈下降趋势。

象山县委、县政府高度重视海洋生态环境建设和保护工作，在海洋环境和海岛生态保护、遏制海洋环境质量下降和生态功能退化方面做了大量工作，初步形成了"规划主

导、清洁生产、生态修复、监测管理、全民参与"的保护模式，海洋环境保护工作取得了一定的成效。据调查，象山县近年来海洋环境质量总体平稳，主要海洋功能区水环境质量基本满足海域使用要求，海洋沉积物质量状况总体良好，基本符合第一、二类海洋沉积物质量标准；海洋生物质量除存在砷的轻微污染，其余基本符合第一类海洋生物质量标准。

3）海洋资源及利用现状

象山县兼具"海、山、滩、涂、岛、礁、湾"资源，组合优势明显。海域面积为 6 618 km²，大陆及海岛岸线长 925 km，是名副其实的海洋大县，海洋资源十分丰富。港口资源良好，可用港口岸线为 61.3 km，其中深水岸线为 37.3 km，可建万吨级以上泊位 128 座，其中 10 万吨级以上泊位 7 座。滩涂资源丰富，拥有可围垦面积 1.93×10^4 hm²，具有淤涨型、面积大、完整性好等特点。

象山县所属海域自然环境多样，处于多种流系交汇处，内陆径流带来丰富的营养盐类，众多的岛礁和细软底质条件，为海洋生物洄游、索饵、栖息、繁殖创造了良好的生态环境，海洋水产资源丰富。象山港被誉为"国家级大鱼池"，根据调查，象山港渔业资源品种多达 330 余种，资源种类包括洄游进港繁殖的大黄鱼、银鲳、蓝点马鲛、朝鲜马鲛、鳓鱼、鮸鱼、三疣梭子蟹、海鳗等，以及定居性的黑鲷、河鲀、鲻梭鱼、鲈鱼、鲨等。东部大目洋和韭山列岛海域处在舟山渔场和渔山渔场的交汇处，是传统的渔业捕捞区，沿岸盛产马蹄螺、牡蛎、龟足、紫菜、裙带菜、马尾藻等贝藻类，附近海域盛产鲳鱼、鳓鱼、鮸鱼、带鱼、黄鲫、龙头鱼、毛虾、梭子蟹等。渔山列岛及周边渔场是重要经济鱼虾栖息繁殖的场所，水质肥沃，饵料丰富，渔获量高，主要经济种类有大黄鱼、小黄鱼、带鱼、鳓鱼、鲳鱼、鲐鱼、蓝圆鲹、沙丁鱼、马鲛鱼、海鳗、鮸鱼、乌贼、梭子蟹及虾类等，岛礁周边盛产石斑鱼、鲈鱼、褐菖鲉、真鲷、黑鲷等恋礁性鱼类，是开展海钓的基础，被誉为"亚洲第一海钓场"。

象山是渔业大县，全县渔业人口超过 5 万人，捕捞渔船 3 000 余艘，与之相配套的渔港建设也日趋完善，初步形成了以石浦中心渔港、番西、鹤浦一级渔港为中心的南部渔港经济区，其中石浦港中心渔港是全国首批六大中心渔港之一和国家二级开放口岸，是重要的水产品集散地。

海洋旅游景观 300 余处，主要集中在象山港内和象山县沿岸，建有秀丽清新的"AAAA 级旅游区"——松兰山海滨旅游度假区、汇聚全国渔区文化的"中国渔村"、恢宏壮观的花岙"海上石林"、中国六大中心渔港之一的石浦古镇、浪漫爱情岛——檀头山岛、被誉为"地质陈列馆"的中国第一崖滩长廊——红岩、全国单体建筑最大的象山影视城，以及融入古老渔文化特色的"中国开渔节"等特色旅游胜地，荣获"中国最佳休闲旅游县"称号。象山是名副其实的宁波品质后花园，是长三角金色港湾休闲区、国家优秀旅游目的地。2011 年，接待游客 830 万人次，其中接待境外游客 7.8 万人次，旅游经济总收入 84 亿元。

象山岛屿资源得天独厚，全县拥有大小岛礁 508 个，占宁波市的 80% 以上、浙江省的 21.4%，岛礁数量居全省首位。其中有居民海岛 10 个，无居民海岛 498 个，海岛岸线 576 km，其中南田岛面积 84 km²，为全省第 4 大岛。拥有 36 个、长达 13.2 km 的金色沙滩，是名副其实的"黄金海岸"。主要海岛大多毗近大陆，尤其是南田岛、高塘岛、檀头山岛、东门岛、花岙岛等十余个岛屿都集中于石浦港附近，以"群岛"形态构成了石浦港的屏障，相互间距较近，资源优势明显。

此外，象山还拥有丰富的太阳能、风能、潮汐能等，海洋可再生能源发展前景良好。

4）海洋生态文明意识现状

象山 6 000 年来以海为伴，形成了渔文化、海商文化、盐文化、养生文化等灿烂的海洋文化，海洋文化建设成果丰硕。近些年打造出"中国开渔节""三月三·踏沙滩"民俗文化节、"国际海钓节""海鲜美食节"等知名文化品牌，被授予"中国渔文化之乡"荣誉称号，获国家级非物质文化遗产 6 项。生态环境优美，森林覆盖率达 58%，空气负氧离子含量达到 1.47×10⁴ 个/cm³，常年空气优良率保持在 96% 以上，被誉为"天然氧吧"。获批渔山列岛国家级海洋生态特别保护区、韭山列岛国家级海洋自然保护区和国家级海洋渔文化生态保护实验区，成为拥有 3 个国家级海洋生态和文化保护区的县域。

象山县委、县政府高度重视海洋生态文明宣传工作，通过多角度、多层次、多方位宣传海域管理、海洋生态环境保护、海岛保护的相关法律法规，开展了以"海洋·环保·明天"为主题的象山渔家子女现场书画活动、万人誓师大会、投放倡导环保的漂流瓶、向联合国和 21 个濒海国家元首发出海洋环保倡议书、"万条黄鱼归大海"放流仪式、"蓝色保护"网上大讨论、向渔民发放环保袋等一系列的活动，全社会的海洋生态文明意识得到进一步提高。自 2006 年 6 月发布《关于加快推进海洋文化大县建设的决定》以来，先后建成了县综合文化活动中心等一批文化设施，形成了以文化"赶集"为主要形式的一批群众文化活动，培育壮大了文化旅游、影视文化、文化创意等一批文化产业，文化软实力持续增强，这些都对群众海洋生态文明意识的提高起到了积极作用。

早在 2000 年，象山县 21 位渔老大率先发起了中国渔民"蓝色保护志愿者"行动，志在呼吁人们保护海洋生态环境，共同促进海洋资源的可持续利用。自 1995 年实行伏季休渔期以来，象山县已经连续举行了 20 届"中国开渔节"。"中国开渔节"是以感恩海洋、保护海洋为主题，渔文化为主线的海洋民俗文化类节庆，它以浓厚的渔文化为底蕴，在承袭传统习俗的基础上，通过节庆活动推进当地社会经济的发展，引导广大群众热爱海洋、感恩海洋、合理开发利用海洋。同时，开渔节也是象山对外宣传和城市营销的一个重要平台和载体，通过举办开渔节，扩大了象山的对外影响，提高了象山的知名度。它不仅推动了象山传统文化的挖掘、保护和发展，也推动了象山滨海旅游的快速发展，为象山实现文化、旅游的大发展起到了巨大的推进作用。

此外，中国海洋论坛活动是象山县引导开展系列蓝色保护行动的另一大创举。通过举办中国海洋论坛，从中广泛吸取国内外先进的海洋理念，有利于进一步推进海洋战略，促进海洋经济又快又好发展，并且可以通过论坛来大力弘扬象山县的海洋文化。

5）有利条件与限制因素分析

（1）示范区建设的有利条件

象山县海洋生态文明示范区建设的有利条件突出。

海洋资源丰富，海洋生态条件优越。如前文所述，象山县兼具"海、山、滩、涂、岛、礁、湾"资源，组合优势明显。海域面积、大陆及海岛岸线长度分别占宁波市的一半以上，岛屿数量居浙江省前列。港口资源良好，滩涂资源丰富，渔业资源优良，海洋旅游景观丰富，清洁能源发展前景良好。

海洋经济发达，海洋生态文明建设有保障。如前文所述，象山县海洋产业体系较完备，优势产业初具规模，海洋经济发达。临港工业、滨海旅游业、海鲜餐饮业、现代渔业、港行服务业等稳步、蓬勃发展。

群众海洋生态文明意识高，现实生态文明基础扎实。象山县通过成立中国渔民"蓝色保护志愿者"行动和北京奥运会火炬传递等方式，向全世界发出了"善待海洋就是善待人类自己"的口号。自1995年开始每年举办的"中国开渔节"得到了社会公众的积极响应和参与，开展了以"海洋·环保·明天"为主题的象山渔家子女现场书画活动、万人誓师大会、投放倡导环保的漂流瓶、向联合国和21个濒海国家元首发出海洋环保倡议书、"万条黄鱼归大海"放流仪式、"蓝色保护"网上大讨论、向渔民发放环保袋等系列活动。

政府引导正确，政策法规齐全。象山县委、县政府高度重视海洋生态文明建设工作，在全国县域经济体中率先制定海洋生态环境保护与建设规划，全面落实海洋功能区划，拥有韭山列岛国家级海洋自然保护区、渔山列岛国家级海洋生态特别保护区和国家级海洋渔文化生态保护实验区3个国家级保护区，基本实现海洋环境与经济协调发展。出台了《宁波市韭山列岛海洋生态自然保护区条例》《宁波市渔山列岛国家级海洋生态特别保护区管理办法》，建立并完善了海洋环境保护、海域使用管理和海岛保护管理工作机制，逐步完善应急响应机制建设，海洋生态文明意识不断增强，海洋资源可持续发展，海洋生态环境有效改善。

（2）示范区建设的限制因素

随着经济的高速发展和人口剧增，带给海洋的工业污水和生活废水日益增多，加之其北侧长江、钱塘江和甬江等水系所携带的污水不断注入，使得近岸海域有机污染与富营养化趋势明显攀升，加重了海洋污染程度，象山海洋环境质量下降已成趋势；随着桥海新时代海洋经济的加快发展，象山县沿海将迎来新一轮的开发热潮，在土地资源紧缺的情况下，向海洋拓展发展新空间的需求日益增大；另外，随着近几年来大米草迅速蔓延，使得滩涂荒废，明显改变现有滩涂生态环境，影响海洋生态功能的发挥和海洋资源的开发利用；海洋生态文明建设是一项大工程，生态环境的改善、海域海岸带和滩涂整治的修复、海洋牧场的建设、海洋新兴产业的培育，等等，都需要大量的经费投入，而县级财政力量有限。以上这些，都制约着象山海洋生态文明示范区建设的推进，需要我们加大海洋生态文明建设力度，加快海洋生态文明建设步伐，节约集约用海用岛，增强海洋生态文明意识，提升全社会海洋生态文明程度。

3.2.2.3 指导思想、基本原则和目标

1）指导思想

深入贯彻党的十八大建设海洋强国和美丽中国的战略任务，坚持科学发展观和生态文明理念，全面落实国家和省、市海洋经济发展战略，以促进海洋资源环境可持续利用和本地区科学发展为宗旨，以转变海洋经济发展方式为主线，探索经济、社会、文化和生态的全面、协调、可持续发展模式，引导象山县正确处理经济发展与海洋生态环境保护的关系，加快建设海洋文化和生态文明，着力打造形成海洋产业、海洋生态、海洋文化联动发展新格局，努力实现从海洋资源大县向海洋经济强县的跨越，建立美丽象山。

2）基本原则

坚持统筹兼顾，促进经济建设和海洋生态环境保护协调发展。坚持经济建设和海洋生态环境保护的统筹兼顾，海洋保护和开发并重，实现海洋生态保护、海洋资源开发与海洋经济的协调发展。

坚持科学引领，提升海洋资源环境承载能力和可持续发展能力。坚持科技引领，提高对海洋资源环境变化规律的认识，推动海洋关键技术转化应用和产业化，切实加强海洋生态文明建设，使海洋经济的发展规模和速度与资源环境的承载能力相适应，努力实现海洋经济可持续发展。

坚持以人为本，生态优先。坚持将以人为本的生态和谐原则作为人全面发展的前提，构造一个以环境资源承载力为基础、以自然规律为准则、以可持续社会经济文化政策为手段的环境友好型社会，实现经济、社会、环境的共赢；促使人的生活方式以节约使用海洋资源为原则，以适度利用海洋资源为特征，把改善海洋环境作为改善我们生存环境的一部分，最终实现人、海洋、社会和谐共生，良性循环，全面发展，持续繁荣。

坚持公众参与，提高全社会海洋生态文明意识。坚持建立健全公众参与机制，开辟公众参与海洋生态文明建设的有效渠道，鼓励社会各界参与海洋生态文明建设，提高全民参与意识，营造全社会共同参与海洋生态文明示范区建设的良好氛围，牢固树立海洋生态文明理念。

坚持先行先试，充分发挥示范区的带动引领作用。根据海域的自然条件，科学规划、合理利用海域海洋资源，创新发展海洋资源开发与保护，成为海洋生态文明建设的先行先试区。

3）建设目标

（1）总体目标

形成科学并具有鲜明特色的海洋开发和保护的创新模式，提升海洋生态文明建设水平。以提升海洋对经济社会可持续发展的保障能力为主要目标，以提高海洋资源开发利

用水平、改善海洋环境质量为主攻方向，推动形成节约集约利用海洋资源和有效保护海洋生态环境的产业结构、增长方式和消费模式，在全社会牢固树立海洋生态文明意识，转变海洋经济发展方式，促进海洋生态文明建设与经济、社会发展协调。基本建成海洋生态文明建设示范区，打造长三角地区富有特色、充满活力的金色港湾，使象山成为海洋资源丰富、经济发达、生态环境良好、风景优美、舒适宜居、人与自然和谐相处的典型国家级海洋生态文明县。

（2）具体目标

海洋经济综合实力明显增强，实现海洋经济强县。到 2020 年，全县海洋生产总值力争突破 500 亿元，占全县 GDP 的比重提高到 70%，三次产业结构进一步优化，海洋战略性新兴产业增加值达 40% 左右，基本实现海洋经济强县目标。

提升宜居宜游的生态功能，建设"美丽象山"。到 2020 年象山县生态环境明显改善，区域功能加快转型，城市品质全面提升。港湾、沙滩、岛礁等稀缺资源得到科学利用，百里黄金海岸等海洋旅游资源得到合理开发和提升，独特海岛、滨海等休闲度假功能体系基本形成，都市型休闲、生态、人居、养生等功能基本健全，滨海休闲旅游胜地的知名度和美誉度进一步提升，美丽象山基本形成。

实施海洋生态修复工程，形成海洋生态保护屏障。在规划期内，加强韭山列岛国家级海洋生态自然保护区和渔山列岛海洋生态特别保护区建设，新建渔山列岛国家级海洋公园；全面实施西沪港互花米草整治与生态修复、石浦港海岸线整治与生态修复、檀头山岛环境整治与生态修复等一批重点区域、海岛、海岸线等生态整治和修复工程；建立象山港、韭山列岛、渔山列岛三大海洋牧场和三个不同类型的人工鱼礁区，创建省级"海洋牧场"建设重点县；积极开展生态循环养殖，加大放流力度，使渔业资源得到有效恢复，使象山县海洋生态系统更加完整，基本形成海洋生态保护屏障。

倡导海洋文化，发挥海洋生态文明先行示范和带动作用。在规划期间，积极倡导海洋文化，深入挖掘海洋文化内涵，推进徐福文化、石浦古镇等自然文化资源申报国家遗产工作，形成一批具有国际国内影响力的品牌旅游项目。发挥海洋生态文明建设的先行示范和辐射带动作用。

3.2.2.4 重点建设任务

1）加快海洋经济发展方式的转变，增强海洋经济实力

依据本地区海域和陆域资源禀赋、环境容量和生态承载能力，科学规划产业布局，优化产业结构。积极推广生态农业和生态养殖业。海洋生物资源综合利用、海水淡化与综合利用、节能环保、海洋能开发等海洋新兴产业，发展循环经济和低碳经济，用生态文明理念指导和促进滨海旅游业、海洋文化产业等服务产业的发展。提高海洋工程环境准入标准，提升海洋资源综合利用效率。积极实施宏观调控，综合运用海域使用审批、海洋工程环评审批和工程竣工验收等手段，促进产业结构调整和升级，保障示范区的海洋产业结构和效益优于全国同期平均水平。

（1）加强海域资源的科学管理，保障海洋资源可持续利用

"十二五"期间，按照象山海洋综合开发与保护试验区"一核、两港、三区、多岛"空间总体布局框架思路，优化用海布局，调整用海结构，坚持规划用海、集约用海、生态用海、科技用海、依法用海五大原则，改变传统的分散、粗放的用海方式，实施海域、海岛资源的合理配置。严格实施海洋功能区划、海洋环境保护规划和海岛保护与利用规划，以及宁波市和象山县围垦规划等相关法律法规，对自然资源条件适宜、区位优势明显、适宜集中连片开发的区域，进行合理引导，由县政府统一组织实施区域建设用海和区域农业用海规划。

严格执行围填海计划管理制度，遏制盲目围填海。控制单个项目用海面积，制定不同行业单个用海项目面积标准，防止盲目圈海占海、占岛等行为浪费海域和海岛资源。严格按照国家海域和海岛的相关法律和法规，依法推行海域使用权和海岛使用权的招标拍卖，建立健全海洋资源市场化配置机制，充分发挥经济杠杆作用，提高用海、用岛，特别是围填海成本，提高海域资源利用效率，保障海域海岛资源的可持续利用。

（2）推进科技兴海战略，实施海洋产业转型升级

加快科技兴海平台建设，支持涉海科研机构发展，积极与科研院校合作，引入涉海科研力量进入象山县，建设一批涉海重点实验室、工程技术研究中心等科技创新服务平台，支持企业建立海洋科技研究平台。积极培育生态农业、生态养殖业、海洋生物资源综合利用、海水淡化与综合利用、节能环保、海洋能开发等海洋新兴产业。加大水产良种场建设，开展海水鱼、紫菜和梭子蟹良种选育，强化水产苗种质量监管，不断调整和优化现有养殖品种结构，加强优良品种引进、繁育与推广。开展贝类苗种自然增殖和人工繁育基地建设，在象山建立一个全省重要的水产种业园区和一个全国著名的海洋滩涂经济贝类种苗繁育基地。

（3）提升生态文明建设，推进海洋第三产业发展

大力发展海洋旅游业、海洋文化产业和配套服务业，积极培育涉海金融服务业、海洋公共服务业，提高它在海洋产业中的比重及经济贡献度。

海洋旅游业。依托象山海洋、海岛资源禀赋，充分利用丰富的地质地貌、众多的动植物种类、多样的岛礁沙滩与海岸湿地，加快推进大目湾新城旅游产业功能区、新桥滨海影视产业功能区建设，重点打造八大景区和八大休闲产品，推进海钓项目国际化，促进观光旅游向休闲旅游、体验旅游发展，全面提升海洋旅游水平，打造长三角乃至国内一流的海洋旅游目的地。

海洋文化产业。积极承办中国海洋论坛，提升"中国开渔节"等海洋节庆举办水平，争取举办国内外海洋高新技术企业新产品发布会、贸易洽谈会、展销会和企业年会，不断壮大会展规模，加快会展产业化发展，不断扩大象山在长三角地区的会展知名度。积极承办中国海洋博览会和世界海洋博览会的有关活动。深入挖掘海洋文化内涵，推进徐福文化、石浦古镇等自然文化资源申报国家遗产工作，形成一批具有国内国际影响力的品牌旅游项目，海洋生态产品。

海洋服务业。利用海鲜产品资源丰富、质量上乘的优势，巩固传统特色，加大创新力度，加快建设上规模、上档次的海鲜餐饮酒店，重点发展石浦、丹城、爵溪三大区域的海鲜美食基地，打造5条海鲜美食街和10家品牌美食店，加快形成餐饮硬件设施高、中、低档系列齐全的格局。利用"中国开渔节""象山海鲜美食节"等节庆活动，加大宣传促销力度，打响象山海鲜餐饮品牌，壮大象山海鲜美誉度。

（4）加大扶持传统海洋产业，促进产业技术改造升级

海洋传统产业仍大有可为，有着广阔的发展空间，还是国民经济的重要组成部分，所以必须加快海洋渔业、海洋船舶、海洋油气业、海洋盐业和盐化工等传统产业改造升级。其中的关键是要通过新兴技术的应用改造传统产业，为其注入新的活力，同时通过产业结构调整促进产业向高端化发展。

远洋渔业。推进海洋捕捞减船转产工程和渔船标准化改造，严格控制捕捞强度，探索完善伏季休渔制度。加强远洋渔船更新改造和远洋渔场开拓，加快渔业捕捞队伍建设，完善配套服务体系，大力发展远洋渔业，建设国际水产冷链物流基地，建设国家综合性现代远洋渔业中心。

海水低碳生态养殖。改造提升传统海水养殖业，稳定海水养殖面积，推进养殖池塘改造，加快养殖设施现代化建设。突出低碳和碳汇渔业，大力发展生态循环洁水养殖模式，积极推广水质净化、底充式增氧技术和环保型优质饲料，实行海淡水池塘综合生态高效养殖，建设多品种、多模式的混养与轮养的高效复合生态养殖系统。

海产品精深加工。完善石浦水产品加工园区配套功能，延长产业链，提高水产品精深加工比例。加强水产品市场升级与信息化平台建设，探索主要渔货远期合同交易。推广应用超高压、超低温等海产品加工新技术，深化海产品加工废弃物的综合利用和清洁生产技术，建立国际水产品出口加工基地，形成一批具有自主知识产权的高新技术加工产品。

（5）推进海洋清洁能源的开发利用，突显人类文明和进步

加强海洋清洁能源的研究与开发利用，重点推进海岛风能、太阳能、海洋波浪能和潮汐能等清洁能源利用项目，提高沿海和海岛的可再生能源的利用水平，突显人类能源开发利用的文明和进步。

依托丰富的风力、潮汐资源和良好的港口岸线条件，科学开发海洋新能源，积极培育风电大产业，加快实施国电海上风电、檀头山风力发电等项目。以新桥、黄避岙等地为重点，加快太阳能发电项目的建设。

2）加强海洋生态保护与建设，建立海洋生态保护屏障

积极推进海洋特别保护区和海洋公园建设，实施推进海洋牧场和人工鱼礁建设工程、人工藻场建设和移殖增殖等一批海洋生态修复工程，建立海洋生态保护的屏障，营造完整的海洋生态系统，恢复海洋渔业资源。

（1）推进海洋保护区建设，提高海洋保护区生态功能

规划期间，新建象山港海洋特别保护区和渔山列岛海洋公园，完善韭山列岛国家级海洋生态自然保护区和渔山列岛海洋生态特别保护区的建设。实施保护区总体规划，加

强对保护区内珍稀濒危海洋生物、经济生物物种及其栖息地、具有一定代表性、典型性和特殊保护价值的自然景观、自然生态系统、历史遗迹和海洋权益区的保护。认真落实各项资源环境保护措施，严格规范开发活动。开展保护区内海岛环境整治和生态修复，改善保护区内生态环境，提高生物多样性，逐步恢复保护区资源。

（2）推进海洋牧场和人工鱼礁建设，恢复海洋生态体系

以象山港和韭山列岛海洋自然保护区、渔山列岛海洋特别保护区的资源环境保护为重点，通过海洋牧场和人工鱼礁建设工程、人工藻场建设和移殖增殖等方式，使鱼类栖息地和海洋生态环境得到改善，生态环境恶化和海洋生物多样性下降趋势得到遏制，海域渔业资源得到有效恢复，实现渔业资源可持续利用。

（3）发展生态渔业和远洋渔业，保护和培育渔业资源

在象山县近岸海域设立渔业资源保护区，保护主要经济种类的繁殖区、栖息地和洄游通道。加大渔业资源增殖力度，进一步研究象山近海适宜的增殖品种和放流规模，增加资金投入，扩大放流范围与规模，培育渔业资源，逐步提高渔业产量。控制近海捕捞强度，探索和发展远洋渔业。继续推进养殖设施及养殖方式的改进，大力发展设施渔业、生态渔业和休闲渔业。

（4）实施海岛资源保护与利用规划，保护海岛生态体系完整

以海岛特别是无居民海岛的自然生态和资源禀赋为基础，制定象山县海岛资源保护与利用规划，实施海岛岛群的分级管制与分类引导，进行海岛的资源合理利用与规范化管理，推进海岛生态文明建设，为海洋经济强县建设提供有力支撑。

3）开展环境整治和生态修复，改善和恢复海洋生态环境功能

海域、海岛、海岸线是各沿海地区发展的重要载体和资源。开展海域、海岛、海岸线环境整治和生态修复工程，改善海域、海岛、海岸线生态环境，恢复其生态功能是"十二五"期间的一项重要任务，也是生态文明建设的重要内容。规划在石浦港、西沪港、爵溪、松兰山和檀头山等重点区域和海岛实施整治和生态修复工程，恢复和提高海域、海岛和海岸线的生态价值和功能。"十二五"期间，开展海域、海岛、海岸线十大环境整治和生态修复工程，象山县的沿海地区和海域的环境面貌焕然一新。

4）倡导低碳生态理念，建立低碳生态小城镇

规划期间，象山县将建设全国首个低碳生态小城镇——象山县大目湾新城，以低碳产业、低碳建筑、低碳交通、低碳旅游、低碳环境、低碳生活和低碳社区7个方面共同构建综合型低碳生态小城镇的理念。建成后的大目湾低碳生态小城镇可以形成基本的碳平衡格局，通过碳捕捉和封存措施，大目湾有望成为一座零碳小镇。低碳发展总体量化指标：到2020年大目湾低碳新城完全建成，单位GDP能耗比2005年降低55%以上，可再生能源消费量达到能源消费总量的25%以上，为全国首创。

5）生态文明乡村建设，创造滨海象山"生态变迁"

生态文明建设是象山县社会发展的亮点，已深入人心，细胞工程扎实推进。目前象

山已有省、市级绿色社区、乡和村61个，创建国家级生态乡镇3个、市级生态村20个。党的十八大以后，通过各种方式宣扬，积极开展生态镇、生态村建设，在"十二五"期间，目标新增全国级生态乡镇10个、省级生态乡镇50个、县级生态乡镇100个，创造滨海象山"生态大变迁"。

6) 开展海岛生态文明建设，塑造美丽海岛特色

象山县由象山半岛东部及沿海诸岛礁组成，是个海岛大县，岛礁数量为浙江省之最。面积较大的有南田岛、高塘岛、花岙岛、东门岛、对面山、檀头山、韭山列岛及渔山列岛等。作为海岛大县，海岛的生态文明建设是象山国家级海洋生态文明示范区建设规划的重要组成部分。根据《全国海岛保护规划》《浙江海洋经济发展示范区规划》《浙江省重要海岛开发利用与保护规划》和《浙江省无居民海岛保护与利用规划》等相关规划，象山国家级海洋生态文明示范区建设规划期间主要的海岛生态文明建设包括：大羊屿、檀头山、牛栏基和旦门山岛等海岛的生态文明和美丽海岛建设。

（1）大羊屿岛

大羊屿岛地处象山百里黄金海岸带中心位置，位于高端旅游度假休闲区的全国唯一低碳生态城市大目湾新城外侧，紧依国家"AAAA"级风景旅游区松兰山。根据《大羊屿岛保护与利用规划》和《大羊屿岛开发利用方案》，大羊屿规划定位为以游艇业为主，具有特色休闲和度假项目的高端旅游海岛。依托松兰山滨海旅游度假区和大目湾低碳生态新城区建设区位优势，与大目湾低碳生态新城区形成内外功能配套，充分利用大陆新城区建设的基础设施、产业配套服务等优势，大羊屿岛将建设面向高端消费群体的特色海岛旅游或休闲项目，突出高端定位和最佳配位海岛。

大羊屿岛在海岛周边建设游艇码头，岛上保留海岛自然生态保护区，规划建筑区根据不同需要进行自然组合，突出对海岛原始地形地貌的保护。数年后，一个生态宜居、美丽的大羊屿岛将呈现在象山人民面前，为美丽象山增色。

（2）檀头山岛

檀头山岛位于象山半岛东南方向的大目洋与猫头洋之间，全岛原有10个自然村，3 000多人口，以海洋捕捞为业，是一座纯渔业海岛。檀头山岛岗峰连绵，山野之间植被良好，灌木丛生，鸟语花香。岛中海湾众多，天然的奇岩、洞穴、沙滩置于其间，犹如一幅东海海面上秀美的风景画，自然景观和人文资源十分丰富。檀头山岛拥有"东海第一滩"的姐妹沙滩、"龙泉宝井"等国内罕见的自然景观；有"大王宫"等许多历史遗址；有《中国海洋民间故事》载录的檀头山岛外沉没的一座繁华东津城等传统故事和第二次世界大战期间真实记载的当地渔民救助美国飞行员等人文资源。因此，在"浙江省海洋经济发展示范区规划"中，檀头山岛为滨海旅游岛。

规划期间，檀头山岛将进行多项整治修复和保护工程，主要包括姐妹沙滩整治与生态修复工程、海中沙埕至"大王宫"渔村交通主干道建设工程、"大王宫"码头扩建工程，以及海岛垃圾处理与污水处理工程。通过几大工程的实施，檀头山生态环境将得到改善，自然景观得到修复，海岛面貌将焕然一新，海岛居民生活舒适、环境优美。与此

同时，海岛的旅游资源得到大幅度提升，接待能力和容量不断增加，也带动相应的服务业和相关产业的发展，使海岛居民拓展就业面，缓解海洋资源保护和开发矛盾，增加海岛居民经济收入，提高海岛居民生活质量，实现生态文明和美丽海岛的目标。

（3）牛栏基岛

牛栏基岛靠近石浦港，依托石浦古镇深厚的渔业文化、良好的基础设施，成为石浦港外设施完备、交通便利和最佳配位的海岛。海涂广阔，明岛暗礁众多，海蚀地貌景观良好，蕴藏丰富的海洋新能源，开发潜力巨大。根据《牛栏基岛保护和利用规划》，牛栏基岛的功能定位为"新能源生态旅游度假岛"，通过规划建设，将牛栏基岛形成一个以风能、太阳能和潮汐能为一体的海洋清洁能源的海岛新能源开发基地和一个集娱乐、观光、休闲、疗养、度假为一体的海岛型、生态型和休闲型的旅游胜地。

（4）旦门山岛

根据《宁波无居民海岛保护与利用规划》，旦门山岛开发利用方向为海岛旅游开发。该岛岛礁生物资源丰富，海岛及其海域资源环境条件较好，具有较为丰富的旅游资源，包括海岛丹霞地貌景观、沙滩、泥滩、植被景观和海景等，岛上景色秀丽、树木葱茏，是发展高端度假产品的理想之地。

规划期内，旦门山岛将建成华东旅游线上的海岛生态型特色休闲度假胜地、浙江省海岛旅游新亮点、宁波市重要海岛生态旅游品牌，逐步形成生态狩猎、海岛休闲、海陆同步发展、设施完善的综合性旅游胜地。

7）弘扬海洋文化，增强全民海洋生态文明意识

象山渔文化是世世代代象山人在其生存的海洋自然环境之中，在生产与生活两大领域内的一切社会实践活动的成果。在长期耕海牧渔的生产实践中，象山境内不仅存留了大量珍贵的物质文化遗迹，而且积累了大量丰富多彩、形式多样的非物质文化遗产。在历时两年、覆盖象山县所有乡镇（街道）、社区和行政村的非物质文化遗产普查中，该县共普查出线索5万余条，立项重点调查项目1 400余项。其中在5万余条线索里，以海洋文化为特征的非物质文化遗产项目比例最高，约占到60%以上。大量渔家特有的生产经验、生活方式产生了诸如渔家传说、渔服、渔鼓、渔灯、渔号、渔家建筑、渔家船饰、渔家医术、渔家饮食、渔家节庆、渔家信仰等一系列相对完整而又富有象山地域特色的海洋渔文化遗产，并随着渔业生产、生活方式的延续，一直传承至今。

规划期间，象山将继续弘扬象山渔文化，倡导和谐社会，提高全民海洋文明意识。深入开展海洋生态文明宣传教育活动，普及海洋生态环境科普知识，建设海洋生态环境科普教育基地和国家级海洋公园，传播海洋生态文明理念，弘扬海洋文化，培育海洋生态文明意识。

大力宣传象山县海洋事业建设成就，努力提高海洋事业在国民经济和社会中的地位。把海洋宣传教育作为全面提高象山县群众海洋生态文明意识的重要手段。组织开展海洋环保志愿者行动、全国海洋日、环境保护日、安全生产日、保护区宣传等系列宣传活动，构筑多元化的海洋与渔业生态文化宣传平台，借助中国海洋论坛、"中国开渔节"等大型

平台开展全方位宣传，创新办好石浦"三月三·踏沙滩"民俗节、渔民号子等传统文化习俗活动，大力弘扬海洋文化，传承海洋精神，增强全社会海洋生态文明意识。

3.2.2.5 保障措施

1）组织保障

加强海洋生态文明示范区建设的组织领导，健全相关机制。海洋生态文明示范区建设工作是一项系统工程，牵扯面广，涉及部门多。象山县人民政府牵头，负责统筹协调全县海洋生态文明示范区建设各项工作；各相关部门为成员单位，理顺并明确各涉海部门工作职责，贯彻落实党的十九大精神和海洋生态文明建设任务，按照海陆统筹、资源共享、各负其责、协同配合的原则，相关部门要密切配合、各司其职。

2）管理保障

规划先行，有序推进。根据本地经济社会发展状况、海洋生态保护实际，科学制定海洋生态文明示范区建设规划。象山县海洋行政主管部门加强对海洋生态文明示范区建设规划实施情况的监督检查，加强指导，有序推进。以《中华人民共和国海洋环境保护法》《中华人民共和国海域使用管理法》《中华人民共和国海岛保护法》等相关法律法规为依据，通过法律的手段来加强海洋开发利用和生态保护方面的管理。严格执行海域使用审批、海洋环评审批、环境监理备案、"三同时"验收等制度，对不合理利用海洋资源等行为，严加查处。同时加强执法能力建设，包括人员培训、增配监视和执法船舶、配备各种技术装备等。

3）人力保障

加强人才引进和培育，保障海洋生态文明示范区建设的人才需求。在明确建设目标的基础上，加强相关专业管理和技术人才的引进和培育。政府部门加强对现有工作人员进行海洋生态文明建设方面的培训教育，提高认识和业务能力，并引入急需的专业人员；还要通过与海洋科学类大专院校的合作，加强技术创新和管理创新。同时，通过有效的手段，鼓励企业对海洋相关产业高新技术人才的引进，增加本地区海洋生态文明建设的科技含量。

4）技术保障

科学指导，规范实施。严格按照原国家海洋局研究制订的海洋生态文明示范区建设规划编制指南、建设指标体系和考核评估办法等，指导本地海洋生态文明示范区建设工作。通过规划的编制，确定分阶段目标和任务，保证示范区建设工作科学规划，有序实施。强化海洋关键技术研发和科技成果转化，海洋科技创新能力、海洋生态环境保护手段等，并以此作为技术保障，推动海洋生态文明示范区建设。

5）资金保障

加大投入，拓宽渠道。加大海洋生态文明示范区建设的各级海域使用金支出项目支持力度；积极加大财政资金投入，同时鼓励企业和社会积极参与，多渠道筹措建设资金，以保障建设资金的充裕。海洋生态文明示范区建设具有投资大、周期长的特点，只有建立可持续的财政支持机制，才能实现其战略目标。要强化政府是建设投资主体的意识，把海洋生态文明示范区建设纳入财政预算，建立稳定的资金来源渠道。争取上级资助资金，县级及沿海各乡镇政府要成立海洋生态文明建设专项资金，实行统一管理，专款专用，保证存量，争取增量，全面实施海洋生态文明示范区建设。另外，象山县政府也要扩大资金筹措渠道，广泛吸纳和动员全社会资金投向海洋开发与保护中，形成以政府财政为主体、社会筹资为补充的全社会、多渠道、多层次的海洋资金投入体系。

3.2.2.6 预期效果与效益

1）预期效果

加强海洋生态文明建设，充分尊重海洋的自然规律，以海洋环境承载能力为基础，不断提升资源集约节约和综合利用效率，促进人与海洋的长期和谐共处，最终实现海洋经济的全面、协调和可持续发展。

海洋生态文明建设示范区规划的完成，将促进象山县海洋经济发展方式发生转变，加速海洋经济发展，提高海洋资源开发利用效率、增强海洋环境保护效果和海洋综合管理的管控能力，并必将提升全民的海洋文明意识。

2）预期效益

（1）生态效益

开展海洋生态文明建设，能有效防止因自然因素、人类开发活动对海洋生态环境及其资源造成的破坏，对修复受损海洋生态，有效改善海洋生态坏境，维护海洋生态平衡和海洋生态功能，促进海洋资源和环境可持续利用具有重大意义。尤其对修复海洋污染造成的部分近岸海洋生态系统退化，恢复濒危珍稀海洋生物资源，避免海洋生态灾害都具有切实的效益。

（2）社会效益

开展海洋生态文明建设对象山县的社会效益主要有以下几点。

第一，开展海洋生态文明建设可以使海洋公共服务不断完善。规划的实施将进一步完善象山县海洋生态环境监测体系和赤潮、溢油、渔业污染事故灾害预警体系；在重点海域新布设自动监测浮标，提高监测机构的环境监测、海洋防灾、减灾技术服务能力；建成海洋生态环境监测和灾害预警信息管理系统和共享平台，基本实现海洋生态环境监测和灾害预警信息数据资源共享。

第二，开展海洋生态文明建设有利于推动海洋科技持续进步。通过开展海洋关键技术研发和应用，大力发展海水淡化与综合利用技术、海洋能利用技术、海洋新材料技术、海洋生物资源可持续利用技术和高效增养殖技术等高新技术。加强海洋生态环境管理、监测、预报、保护、修复及海上污损事件应急处置等技术开发与应用，开发海啸、风暴

潮、海岸带地质灾害等监测预警关键技术。

第三，开展海洋生态文明建设有利于推动海洋文化事业繁荣发展，全民海洋意识不断强化提高。以建设海洋文化强县为方向，整合海洋文化资源要素，全面打造北部象山港海湾养生休闲区、西部佛教文化区、南部渔文化展示区、中部影视文化产业区和东部运动休闲区共五大文化功能区块。开展海洋管理、海洋产业经济、海洋法学等科学研究和学术交流；支持海洋海岛历史文物遗迹发掘考察研究和海洋博物馆建设、支持对外及地区间海洋社会科学文化及海洋经济交流合作；举办各类以海洋为主题的海洋宣传日、海洋科普、海洋文化节、海洋论坛等活动；利用广播电视、报刊、会展等多种形式，开展爱海洋宣传，增强全民海洋意识。

（3）经济效益

加强海洋生态文明建设是实现象山县经济持续发展的根本出路。加强海洋生态文明建设是满足人民群众过上美好生活期盼的客观需求。在全面建设小康社会的新阶段，人民群众对进一步改善生活质量、进一步美化生活环境有了新要求。依赖象山县丰裕的海洋资源，切实加强海洋生态文明建设，尽快扭转海洋生态环境恶化的趋势，尽快实现海洋产业机构的调整，对于发掘新的经济增长点，促进象山县经济腾飞有现实意义。

建设一批海洋科研示范园区和基地。建立一批具有辐射带动效应的科技兴海示范园区和基地，并随着科技兴海工作的不断深入，逐步扩大领域和范围。重点是海洋高技术产业化园区、海洋循环经济示范区、海洋经济可持续发展模式示范、海洋高新产业链延伸和产业集聚区。

发展海洋旅游文化产业。以滨海城市为依托，建设滨海旅游区，构建完善的海洋文化旅游目的地。努力挖掘历史文化旅游产品，积极开拓现代文化旅游产品，传承再造民俗文化旅游产品，构建完善的海洋文化旅游产品体系，加大对海洋文化旅游开发的政策扶持力度，深化海洋旅游管理体制改革。

3.3 围填海工程生态评估

我国既是陆地大国，也是海洋大国，发展海洋经济是我国社会主义经济社会发展的现实需求。海洋经济的迅猛发展需要土地作为后盾，沿海地区是人类从事海洋经济活动或发展旅游业的重要基地，人口密集的海湾地区面临"土地赤字"的巨大问题，围海造地就成为其拓展发展空间的首要选择。围海造地又称围海造田、围填海等，通常是指在海滩或海岸边利用一定的专业技术，把石头、沙子等物体填埋到海中，经过修整后改造成新的陆地。但由于长期以来的大规模围填海活动，滨海湿地大面积减少，自然岸线锐减，对海洋和陆地生态系统造成损害，并有大量闲置问题。

为推进生态文明建设，加强滨海湿地保护，严格管控围填海活动，严守海洋生态保护红线，改善海洋生态环境，国务院于 2018 年 7 月颁布《国务院关于加强滨海湿地保护严格管控围填海的通知》（国发〔2018〕24 号），对新增围海造地进行严格控制并加快处理围填海历史遗留问题。通知要求"依法处置违法违规围填海项目。由省级人民政府负责依法依规严肃查处，并组织有关地方人民政府开展生态评估，根据违法违规围填海现状和对海洋生态环境的影响程度，责成用海主体认真做好处置工作，进行生态损害赔偿和生态修复，对严重破坏海洋生态环境的坚决予以拆除，对海洋生态环境无重大影响的，要最大限度控制围填海面积，按有关规定限期整改"。

自然资源部于2018年相继颁发《关于贯彻落实〈国务院关于加强滨海湿地保护严格管控围填海的通知〉的实施意见》《关于进一步明确围填海历史遗留问题处理有关要求的通知》（自然资规〔2018〕7号）和《围填海项目生态评估技术指南（试行）》等文件，进一步要求省级人民政府负责依法依规严肃查处违法违规围填海项目，并组织有关地方人民政府积极开展生态评估和生态修复工作，最大程度降低围填海对海洋水动力和生物多样性等影响。同时，充分考虑不同历史阶段和地区差异，针对具体围填海工程的实际情况，因地制宜，分类处置，最大限度减少企业和政府已经形成的围填海工程总成本损耗，促进海洋资源严格保护、有效修复和集约利用。

浙江省和宁波市围绕国家战略方针要求，牢固树立和践行"绿水青山就是金山银山"的理念，坚持节约资源和保护环境的基本国策，遵循保护优先、节约利用、陆海统筹、科学整治、绿色共享原则，积极开展海洋生态评估工作。2019年浙江省自然资源厅、浙江省发展和改革委员会印发《浙江省加强滨海湿地保护严格管控围填海实施方案》（浙自然资规〔2019〕1号），明确要求："沿海各市、县（市、区）政府依据《围填海项目生态评估技术指南（试行）》开展生态评估，科学确定围填海项目对生态环境的影响程度，提出生态损害赔偿和生态保护修复方案，并责成用海主体落实。沿海各市政府要按照自然资规〔2018〕7号规定，组织编制围填海历史遗留问题区域的生态评估报告和生态修复方案。"

3.3.1 宁波市围填海工程生态评估工作概况

3.3.1.1 宁波市围填海基本情况

根据自然资源部办公厅2018年8月印发的《全国围填海现状调查工作方案》（自然资办函〔2018〕1050号）、浙江省海洋与渔业局2018年9月印发的《关于开展全省围填海现状调查的通知》（浙海渔规〔2018〕11号），宁波市于2018年9月组织开展了宁波市围填海现状调查。全市现行海洋功能区划范围内围填海区块面积共298.5 km²，其中围填海277.1 km²（包括自然淤积105.4 km²），围海养殖21.4 km²。

宁波市海域由北至南分布的规模性围填海工程主要有余姚市海塘除险治江围涂工程、建塘江两侧围涂工程、宁波杭州湾新区十二塘围涂工程、镇海区泥螺山北侧围垦工程、新泓口围垦工程、北仑区峙南围涂工程、梅山七姓涂围垦工程、鄞州大嵩围涂工程、宁海西店新城围填海工程、下洋涂围区、三山涂围垦工程、象山道人山围涂工程、黄沙岙围涂工程、水糊涂围涂工程、长大涂围涂工程和花岙二期围涂工程等。同时，规模围垦区外，由于当地企业、居民生产生活等需要，在宁波各县（市、区）沿海进行填海造地，此类围填海工程面积相对较小，分布相对零散。此外，围海养殖主要集中于宁波市象山和宁海两县海域范围内。

按照自然资规〔2018〕7号等文件要求，经梳理、核定，宁波市围填海历史遗留问题区块272个，面积为139.5 km²，包括已确权已填海未利用区块16个，面积为2.5 km²；已确权未完成填海区块19个，面积为5.0 km²；未确权已填成陆区块237个，面积为132.0 km²。

3.3.1.2 宁波市围填海工程生态评估工作

截至2019年8月，宁波市根据党中央、国务院处置历史围填海的决策，按照自然资源部印发的技术导则，结合实际，将宁波市余姚、慈溪、镇海、北仑、鄞州、奉化、宁海和象山8个沿海县（市、区）共185个历史围填海区块划出18个评估单元，面积126.0 km²，进行了水文动力环境、地形地貌与冲淤环境、海水水质和沉积物环境、海洋生物生态、生态敏感目标等方面的生态环境影响评估，分类提出了退填还海、岸线修复、滨海湿地修复、海洋生物资源恢复等对应的方案和措施。

3.3.2 围填海工程生态评估——以宁波市鄞州区为例

3.3.2.1 总论

1）背景介绍

为贯彻落实《国务院关于加强滨海湿地保护严格管控围填海的通知》（国发〔2018〕24号，2018年7月）和《关于进一步明确围填海历史遗留问题处理有关要求的通知》（自然资规〔2018〕7号，2018年12月）等文件精神，进一步做好滨海湿地保护、围填海管控工作。浙江省自然资源厅、浙江省发展和改革委员会联合下发《浙江省加强滨海湿地保护严格管控围填海实施方案》（浙自然资规〔2019〕1号），明确提出了"妥善处置合法合规围填海项目""依法处置违法违规围填海项目"。

鄞州区位于浙江省宁波市东南沿海，东接北仑，南部紧邻奉化。目前，鄞州区内未取得海域使用权的围填海项目共5个（涉及9个围填海图斑），图斑面积共36.101 3 hm²，分别位于鄞州大嵩围区和咸祥镇沿岸。

为科学、客观地对鄞州区历史围填海（未取得海域使用权区域）进行生态评估和生态保护，开展生态评估工作，对鄞州区历史围填海涉及问题清单区块造成的海洋生态环境的实际影响进行系统和全面的分析，制定有针对性的海洋生态修复方案，为进一步妥善处理宁波市鄞州区围填海历史遗留问题，形成陆海一体化与复合的生态系统体系提供下一步的工作依据，以构建自然化、生态化的新海岸，推动海洋生态文明建设发展。

2）评估目标

在收集现有资料和补充调查的基础上，结合海域开发利用现状，根据合理的评价标准，运用生态学方法，分析评估鄞州区历史围填海项目对海洋水文动力环境、海洋地形地貌与冲淤环境、海水水质环境、海洋沉积物环境、海洋生物的影响和海洋生态价值的损害，客观、全面地评价海洋生态环境，识别现存和今后可能产生的主要生态环境问题，为制定海洋生态修复方案提供技术支撑，为处理宁波市鄞州区围填海项目的历史遗留问题提供决策依据。

3）评估原则

生态评估工作遵循以下原则：

——生态优先。树立尊重自然、顺应自然、保护自然的理念，立足于自然资源的整体性保护，开展科学评估。

——分类施策。根据围填海项目造成的生态影响，有针对性地提出处置方案和生态修复对策。

——科学严谨。采用定量与定性分析结合的方法，运用成熟的评价标准，客观评估围填海项目造成的生态影响和生态损害。

——统筹兼顾。统筹考虑围填海历史遗留问题处理，最大程度降低处理成本，调查要素以生态评估需求为主，可兼顾海域使用论证的需求。

4）评估范围

围填海工程生态评估范围应涵盖围填海工程实际影响到的全部区域（图3-5）。根据《围填海项目生态评估指南（试行）》，一般以用海外缘线为起点划定，围填海面积不小于 5 hm^2 的向外扩展 15 km，小于 5 hm^2 的向外扩展 8 km。本次评估图斑总面积为 36.101 3 hm^2，则评估范围以围填海区边缘为起点，向海侧和两侧各外扩 15 km，评估海域面积约 483.52 km^2。

5）评估技术路线

本次评估的技术路线包括前期准备、现场调查与资料补充收集、开展生态评估和报告编制 4 个阶段（图3-6）。

前期准备：收集鄞州区历史围填海项目基本情况、所在海域的背景资料及前期工作成果，了解象山港海域开发利用现状和生态敏感目标，确定评估范围，编制评估工作方案。

现场调查与资料补充收集：根据工作方案，采用无人机航拍、卫星遥感和现场踏勘等方式对工程围填海及周边海域开展现场调查，同时进行资料补充收集，包括海域权属和海域开发利用现状、围填海进程、海洋生态环境、海洋生物生态和生物资源、水动力、敏感区和海洋功能区划、社会经济效益和环境保护与生态修复现状等方面。

生态评估：对评估区域开展生态影响评估和生态损害评估，分析生态问题，开展生态影响综合评估。

图 3-5　评估范围示意图

报告编制：针对评估区域的生态问题，提出生态修复对策，编制围填海工程生态评估报告。

3.3.2.2　围填海项目概况

1）地理位置

鄞州区，浙江省宁波市市辖区。地处中国长江三角洲南翼，浙江省东部沿海，东接北仑港、宁波保税区，西北与西部与余姚接壤，南部紧邻奉化，东南临象山港与象山隔水相望。西临绍兴、杭州，北与上海隔海相望，是计划单列市宁波市最大的市辖区。鄞州区辖 7 个街道、17 个镇、1 个乡。

本次评估图斑位于鄞州区东南部沿海，其中鄞州区瞻岐镇大嵩围区评估图斑面积 32.021 4 hm²，鄞州区咸祥镇沿岸评估图斑面积 4.079 9 hm²。

2）工程概况

（1）工程审批及建设历史情况

2006 年 4 月 29 日，宁波市发展和改革委员会批复了鄞州大嵩围涂工程（甬发改农经〔2006〕161 号），项目位于鄞州区瞻岐镇大嵩滨海区，北仑洋沙山万亩围垦工程南侧，鄞州经济开发区东侧，大嵩江入海口北侧。在工程规划论证并依法取得用海类型为养殖用海的海域使用权证后，鄞州大嵩围涂工程于 2008 年 6 月 1 日开工，历时两年完工，投资概算 7.8 亿元，围涂面积共 920 hm²。由于新海堤合拢以后，大嵩北区内不断淤积，养

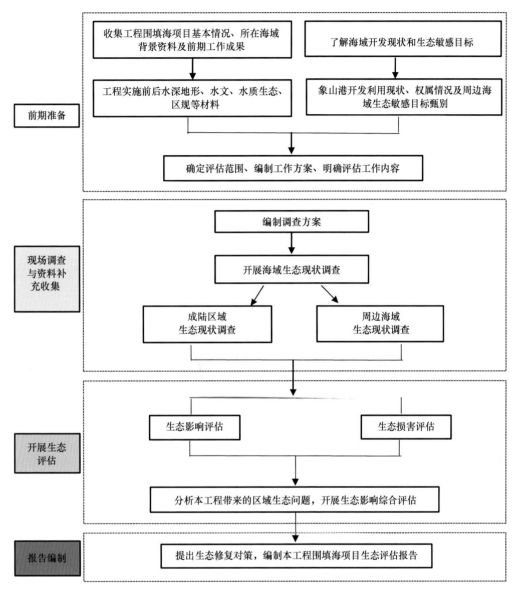

图 3-6 评估工作程序

殖条件恶化，用海单位申请注销海域使用权证。原宁波市海洋与渔业局已于 2012 年 7 月 6 日在网站上公告，对上述用海权证进行了注销登记。2012—2018 年，随着建设用地的需要，鄞州大嵩围涂工程相继颁发了建设填海造地海域使用权证和公益性用海批复，围涂区北区内开展了满足项目建设用海需求的填海造地工程及基础设施建设，累计完成填海造地面积约 486 hm²。但仍有部分围填工程在未取得有关手续的情况下开始实施，造成了历史遗留问题。

同时，2007 年开始，鄞州区咸祥镇沿海海域，砂场、码头和船舶修造企业等为当地村民服务的各类基础配套设施依托海域陆续进行建设，但均为未经批准进行的非法围填海行为，形成了历史遗留问题。

（2）工程建设概况

① 大嵩滩涂围塘工程

大嵩滩涂围塘工程的海堤工程北起洋沙山万亩围涂工程南横堤海口大闸西侧，沿联胜塘、合兴塘及红卫塘东侧滩涂布置，经黄牛礁，于大嵩江入海口的东侧，距大嵩江入海口 520 m 处的红卫塘止，由南Ⅰ横堤、南Ⅱ横堤及南Ⅲ横堤组成，全长 7 936 m。下洋河沿鄞州滨海创业中心区内规划的下洋河下游延长线方向布置，于横堤的黄牛礁止，总长 800 m，河面宽 80 m。永安河连接新老联胜矸，长 1 806 m，河面宽 40 m。护塘河沿着海堤轴线方向布置，全长 7 936 m，河面宽 80 m。海堤防浪墙顶高程 7.80 m，堤顶净宽度取为 5.00 m，为 50 年一遇防潮标准。排涝河主要由永安河、下洋河及护塘河组成。排涝河标准为 20 年一遇排涝标准。排涝闸有联胜新碶和红卫东闸。

本次大嵩围区内涉及评估的填海图斑位于永安河以北，护塘河以西，面积为 32.021 4 hm²，该区域已完成回填而未利用，拟进行工业开发和绿地。

② 鄞州区咸祥镇南头村小船塘头海域填海区

南头渔村小船塘头码头部分为 2002 年前历史形成的现状陆域，外侧围堰工程于 2018 年底经中央环保督察已组织破拆。后当地政府对拆除的边坡进行了整理，建设了围堤，并对围堤内大部分区域进行了复绿。目前，新建设的围堤堤长约 90 m，堤顶宽 0.8 m，堤顶高程为 3.7 m。围堤后方采用山皮石回填，形成陆域，陆域高程为 3.5～5.7 m。陆域建设有养殖塘管理用房、道路和复绿区域建设。本次评估的围填海图斑面积为 0.160 8 hm²。

③ 杭伟砂场填海区

本填海工程主要分为护岸建设及后方陆域两部分，护岸为直立式，长约 152 m，顶高 4.5 m。护岸内侧采用山皮石回填，陆域平均高程为 3.5 m。陆域原作为砂场货物加工、运输、装卸的堆场。2019 年 5 月 14 日，咸祥镇人民政府对杭伟砂场配套用房及吊机、传送带等设备进行了拆除，对现场黄砂进行了清理，现杭伟砂场已停止运营，填海区闲置。本围填海区块陆域面积 0.181 3 hm²。

④ 鹰龙物流码头填海区

鹰龙物流码头围填海工程包括护岸及陆域两部分。码头后方填海区护岸为浆砌石直立护岸，东侧填海区靠海侧无浆砌石护岸，由建筑垃圾（沙石、粉煤灰等）堆砌形成挡墙。填海区场地高程为 4.20 m。陆域作为砂场货物加工、运输、装卸的堆场，同时布置货物装卸设备，供电设施等。填海区外侧有码头 1 座，用于运沙船停靠及装卸。码头不属于本次评估对象。

⑤ 宁波市东方船舶修造有限公司围填海工程

该区块共涉及 3 个评估图斑，面积共 2.683 3 hm²。评估区块靠内侧平均高程为 4.5 m，靠外侧为土石斜坡，高程为 0.9～4.5 m 不等。围填海调查时期，本区块现状为船厂填海区域。本次评估时期本区块暂时为咸祥镇政府组织实施的花海项目，建设规模化的花卉园区，该项目于 2018 年 12 月启动。该区今后的主要发展方向为工业用地。

（3）岸线占用情况

大嵩滩涂围塘工程浙江省海洋功能区划海陆分界线位于围区老海塘，新形成的岸线位于围区新海堤，因此，大嵩滩涂围塘工程内的生态评估图斑不占用岸线。鄞州区咸祥镇南头村小船塘头海域填海区生态评估图斑占用人工岸线长度为 7 m。杭伟砂场填海区生态评估图斑占用人工岸线 29 m。鹰龙物流码头填海区生态评估图斑占用人工岸线长度为 307 m。宁波市东方船舶修造有限公司围填海工程生态评估图斑占用人工岸线共计 87.7 m。

3）所在海域概况

鄞州区属亚热带季风气候区，气候温和湿润，雨量充沛。多年平均年降水量约为 1 570 mm，其空间分布不均，变化范围一般在 1 400～1 800 mm。据统计，鄞州区多年平均水面蒸发量为 1 270.4 mm（20 cm 蒸发皿观测值），多年平均气温为 16.2℃。

本次评估图斑主要分布于象山港口门处和象山港中部，象山港南、西、北三面低山丘陵环抱，东口有六横、佛渡及梅山等岛屿作天然屏障，纵深 60 km，是一个北东—南西向的狭长半封闭型海湾。象山港平面形态以象山角至双岙一线（该断面纳潮量与水道宽度之比为最大值）为界，此界线将象山港分为内湾和外湾两部分。象山港岸线曲折，陆地岸线总长 280 km，海域面积 563 km²，潮滩较发育，可分为粉砂–淤泥滩和淤泥滩。淤泥滩主要分布在西泽和咸祥以西，粉砂–淤泥滩主要分布在西泽—咸祥连线以东两岸，如梅山岛西端、三山至大嵩港间的潮滩。潮滩季节性冲淤变化比较明显，物质主要为黏土质粉砂，该类型潮滩长期处于缓慢淤涨状态。

象山港口门处海域潮流属正规半日潮流性质，运动形式基本呈往复流。大潮期间，平均落潮历时均大于平均涨潮历时，含沙量分布范围为 0.001～1.162 kg/m³；小潮涨落潮历时则差别不大，含沙量分布范围为 0.002～5.589 kg/m³。同一潮型中潮差相差不大，但不同潮型之间相差较大，大潮潮差达到 4 m，小潮不到 2 m，大潮潮差是小潮潮差的两倍多。象山港中部海域的潮汐属非正规半日浅海潮性质，其特点是港湾内潮差较大，浅水效应较为明显，有日夜潮不等现象。该水域涨潮历时大于落潮历时，历时差约 10 min 至 3 h 不等，越往港湾内涨潮历时越长。象山港内风浪影响小，是避风良港，港域中部与顶部水域面积狭小，且湾内岛屿众多，地形复杂，水域掩护条件好，一般天气下港域风平浪静，即使受到气旋影响，局部风浪波高小、周期短，不会构成破坏性威胁。

4）周边海域开发利用现状

根据实地踏勘，评估范围内评估图斑周边海域开发利用活动类型主要有工业用海、交通运输用海、造地工程用海和旅游娱乐用海等，主要分布在梅山岛及周边海域、大嵩围区及周边海域、象山港中部区域。

（1）梅山岛及周边海域

梅山岛及周边海域开发利用活动类型主要有填海造地、跨海桥梁、港口码头、航道锚地等。具体用海项目有梅山水道抗超强台风渔业避风锚地、梅山大桥、春晓大桥、滨海新城绿化带一期工程和二期工程、梅山港海底输水管道、梅山污水送出干管工程——梅山水道海底管道、宁波北仑梅山水道海域整治项目、春晓干岙餐饮城基础配套工程、梅山水道游艇码头项目、宁波滨海万人沙滩一期工程、昆亭海塘、宁波—舟山港梅山保税港区集装箱码头工程和宁波—舟山港梅山港区滚装及杂货码头、七姓涂围涂工程等。

（2）大嵩围区及周边海域

鄞州大嵩围涂区位于鄞州区瞻岐镇大嵩滨海区，距离梅山水道南段约2.6 km。北侧与北仑洋沙山万亩围海工程相接，西侧与瞻岐镇原联胜塘、合兴塘、红卫塘相接。围涂区内布置下洋河和永安河，作为泄洪排涝河。围区内北部大部分区域已转为工业用海，将进行填海造地，南部的滩涂处于闲置状态，该围区已规划为鄞州滨海创业中心二期，作为工业和城镇建设区，已海域确权的用海项目有宁波市鄞州区宁南建设开发有限公司年产3 000万件模具项目、年产60万套厨卫设备项目等15个。

大嵩围涂南侧存在大面积紫菜养殖，属鄞州区瞻岐镇农村经济综合开发服务公司所有。根据养殖发证情况，共分为3个区块。

大嵩围区北侧有宁波市北仑春晓资产经营管理公司年产2.5万台智能型配电变压器生产项目。

（3）象山港中部区域

象山港中部区域，评估图斑周边用海活动主要包括码头工程、航道、船舶工业、跨海桥梁和浅海养殖等。具体用海项目有象山县汽车轮渡有限公司象山港汽车轮渡码头、宁波海事局宁海海事处工作船码头、宁波市敏杰物流有限公司奉化松岙通用码头、浙江造船公司、宁波中洋船舶工业有限公司船舶建造及码头建设项目、浙江新乐造船有限公司船舶建造一期、宁中油重工（宁波）基地建设项目、宁波杭钢富春管业有限公司5 000吨级通用码头、西泽引航艇码头工程、西泽5 000吨级货运码头工程、中国海监宁波市支队象山港维权执法基地建设项目、象山港公路大桥及接线工程、象山港咸祥—贤庠海底光缆工程、象山港海洋水文监测预报站、浅海养殖、象山县西沪港西沪华城外侧区块象海出17号宗海、象山县大港口临港产业园跃进塘区块象海出12号和象山港航道等。

5）项目所在海域开发利用规划

根据《浙江省海洋功能区划（2011—2020年）》，围填海项目所在海域的海洋功能区划涉及鄞州工业与城镇用海区、象山港农渔业区和鄞奉港口航运区。

根据《浙江省海洋生态红线划定方案》，大嵩围区、鄞州区咸祥镇南头村小船塘头海域填海区和鹰龙物流码头填海区内有24.977 1 hm²围填海项目位于象山港蓝点马鲛国家级水产种质资源保护区核心区。同时，鄞州区咸祥镇南头村小船塘头海域填海区和鹰龙物流码头填海区部分占用生态红线自然岸线共87.7 m。

根据《浙江省海洋主体功能区规划》，鄞州区咸祥镇南头村小船塘头海域填海区有0.004 5 hm²位于海洋渔业保障区，作为渔业基础设施，符合海洋渔业保障区定位。鹰龙物流码头填海区内有0.074 9 hm²占用海洋渔业保障区。

根据《浙江省海岸线保护与利用规划（2016—2020 年）》，评估单元所在的岸段主要涉及春晓至松岙岸段和松岙作业区鄞州岸段。

根据《象山港区域空间保护与利用规划》，大嵩围区内的两个评估图斑和鄞州区咸祥镇南头村小船塘头海域填海区面积共 32.182 2 hm² 属于海洋产业区，重点培育海洋生物和海洋文化创意产业。其余 3 块面积共 1.235 8 hm² 属于生态引导区。东方船舶区的 3 个图斑面积共 2.683 3 hm² 属于生态引导区中的海洋装备制造业区。

3.3.2.3 围填海生态影响评估

1）水文动力环境影响评估

（1）纳潮量变化分析

洋沙山与外干门平均高潮位分别为 2.25 m 和 2.16 m。两者处于象山港港口，其潮位具有一定的代表性。本次计算纳潮量取两者平均值 2.205 m。围填海工程将使港湾的纳潮量有所减小。本次评估图斑总面积为 36.101 3 hm²，造成象山港纳潮量减少 79.6×10⁴ m³。象山港长度约 52 km，宽度平均约 4 km，象山港纳潮总量约 2.08×10⁹ m³。本次造成的纳潮量减少占整个象山港纳潮量的 0.038%。

（2）大嵩滩涂围塘工程潮流变化分析

本工程沿岸填海，不会影响区域潮流流向，工程前后，大嵩围涂工程外侧，流速近岸有一定变化，但变化不大。围塘后原滩涂漫滩潮流全部消失；在永安河与下洋河之间的围堤前，潮流略有增大，一个全潮周期平均流速增加 0.03~0.05 m/s；三山大闸附近海域流速有所减小，在一个全潮周期平均流速减小 0.1~0.2 m/s；平均流速减小的区域从三山大闸一直扩展至梅山南侧的独落峙海域，离三山大闸越远，则流速减小至最少；在梅山港和汀子山周围亦有部分区域潮流减少；在双屿门水道流速有增有减。

本工程属于大嵩围涂内的小面积填海，仅占大嵩围区面积的 2.7% 左右，对围区外的水文动力影响很小。

（3）宁波市东方船舶修造有限公司围填海工程实施前后潮流变化影响分析

由于鹰龙山西侧填海工程的布置和所在位置的原因，所引起的流速增幅很小，对附近海域流场的影响主要是减速。工程造成的流速在海堤边界有所降低，但是落急变化幅度在 5% 以内，对于水流较缓、水面宽阔的象山港的开发活动影响小。工程的流速变化仅集中在岸边，对在其岸线前不远处的海事码头有一定影响，降低海事码头离岸之间的流速，但是落急增大幅度在 1.2% 以内，平均流速变化也在 5% 以内。基于该区域的水流流速比较缓慢，工程对其用海活动没有太大影响。对东方船舶码头影响极小，也基本不会影响到其他的用海活动。因此，工程实施对自然环境的影响不大，对附近用海活动影响也不大。

宁波东方船舶修造有限公司围填海工程相比鹰龙山西侧拟出让海域的面积较少，仅为该区域面积的 16%，通过以上数模计算结果可推测，这两块图斑的填海工程所造成的水动力变化也极小。

（4）其他区块围填海工程实施前后水文动力变化影响分析

鄞州区咸祥镇南头村小船塘头海域填海区面积仅为 0.160 8 hm²，杭伟砂场填海区的面积仅为 0.181 3 hm²，鹰龙物流码头填海区的面积为 1.050 4 hm²。这 3 块围填海工程均位于象山港北岸，其水文动力环境与东方船舶填海区域类似。根据数模计算结果，东方船舶围填海工程的实施对附近海域流场的影响主要是减弱，且影响范围仅局限于工程区附近，对象山港的水文动力环境影响极小。南头村小船塘头海域填海区、杭伟砂场填海区、鹰龙物流码头填海区围填海工程相比东方船舶围填区域的面积要小得多，分别仅为其面积的 6.3%、6.7% 和 39%，因此可以推测，这 3 块围填海工程造成的水动力影响极小。

2）地形地貌与冲淤环境影响评估

（1）大嵩围涂工程实施前后

① 地形地貌

大嵩围涂工程区位于北仑洋沙山围海工程南侧，联胜塘、合兴塘和红卫塘东侧，大嵩江入海口以北的滩涂上，0 m 等深线以内的滩涂东北宽西南窄，自西南向东北展布，为淤泥质滩涂。联胜塘、合兴塘和红卫塘坡脚涂面高程约为 1.22 m（1985 国家高程基准面，下同），滩面由西北向东南逐渐降低，至规划堤线高程约为 -2.0 m，涂坡约为 0.15‰。黄牛礁以南近岸（高程小于 -1.0 m）滩地较为平坦，海堤涂面高程范围为 -0.6 ~（-1.0）m，外侧（高程大于 -1.0 m）滩面较陡，高程为 -2.0~7.0 m，滩面坡降为 2.70‰~137.0‰；黄牛礁以北滩面平缓，海堤涂面高程为 -1.5~2.5 m。滩面物质主要为黏土质粉砂，长期以来处于缓慢淤涨状态。

2019 年 5 月，对大嵩围涂外侧水深地形进行了实测，大嵩围涂实施后，从北往南，沿岸 30 m 范围内高程为 -1.0~0 m，在南端拐角处形成高程约 0 m 的平缓滩涂。大嵩南区外侧沿岸水下地形相对较为陡峭，从海堤往外 300 m 高程从 0 m 降至 -10.0 m。从 300~1 500 m，水深在 10.0~11.0 m。大嵩北区外侧水下地形相对平缓，从海堤往外 1.8 km，高程为 -1.0~（-4.0）m。

② 冲淤变化

无论工程实施前和实施后，大嵩围区南侧水下地形较为陡峭，大嵩围区北侧水深地形较为平坦。工程实施不改变区域总体地形地貌。实施前，大嵩南区 5.0 m 等深线位于大嵩南区拟建海堤外侧约 250 m。实施后，5.0 m 等深线同样位于大嵩围堤外侧约 250 m，说明工程实施基本不影响大嵩南区围涂外侧的地形变化。这可能是由于大嵩南区围涂宽度相对较窄，且大嵩南区围塘工程较为平直，对区域冲淤变化不明显。

实施前，大嵩北区 2.5 m 等深线距离拟建海堤约 500 m。工程实施后，大嵩北区靠近洋沙山侧 2.5 m 等深线距离海堤 1.5 km，等深线外移，说明局部淤积。进一步分析可知，大嵩北区靠近洋沙山南大堤侧，实施前高程在 -2.5 m 左右，实施后高程在 -1.5 m 左右。因此，大嵩围区的实施，导致洋沙山南堤与大嵩围堤的三角区域最高淤积达 1 m。但随着离开这个三角区域，大嵩围区外侧的水深地形在工程前后均变化不大。

（2）宁波市东方船舶修造有限公司围填海工程实施前后

① 冲淤环境变化

根据泥沙冲淤数模计算结果显示，工程的存在降低了该区域水流的运动，使得近岸区的流速普遍下降，在海堤堤脚及海堤东面峡湾内侧出现淤积，其中，海堤东面淤积强度为 0.1~0.3 m，海堤堤脚淤积强度为 0.1~0.25 m。工程完成以后，海堤临海一侧西部出现冲刷，主要出现在海事码头附近靠岸一侧，首年泥沙冲刷量在 0.01~0.2 m。由于该海区的流速很小，而且工程后流速变化也不大，因此第一年的冲刷强度并不大。工程后达到冲淤平衡的时间为 3~5 年。在计算区域的其他海区，基本上呈现冲淤平衡。

② 岸滩演变影响分析

根据收集到的 2007—2018 年不同时期遥感卫片，2007 年围填海工程还未开工，该区域还是海域。2008—2009 年该区域开始围填海施工，岸线往外海推进，2010 年围填海工程实施完成，形成了大范围的填海陆域，岸线向海推进 230 m 左右。围填海陆域形成后，该区域的岸滩基本处于稳定状态，没有显著变化。

（3）其他图斑填海工程实施前后

这三项围填海工程实施前后的冲淤变化情况参考宁波东方船舶修造有限公司围填海工程，由于这三项工程造成的水动力影响极小，可以推测其所引起的冲淤变化也仅局限于工程附近小范围内，其他区域一般保持冲淤平衡的状态不变。

3）海水水质和沉积物环境影响评估

为了充分评估大嵩围填海前后海域环境变化情况，评估分析项目所在海域海洋环境变化程度，评估资料按以下原则进行筛选：调查范围围绕评估范围，并尽可能保证站位一致；调查时间涵盖围填海建设前和建设后，并尽量代表同一季节（秋季）；调查因子较全面。根据大嵩围填海的时空特征，选取 2005 年 10 月和 2017 年 10 月的资料作为该海域海洋生态环境调查数据作为评价依据。

（1）海水水质影响评估

根据《浙江省海洋功能区划（2011—2020 年）》，围填海项目所在海域的海洋功能区划涉及鄞州工业与城镇用海区、象山港农渔业区和鄞奉港口航运区。象山港农渔业区海水水质执行不劣于第二类海水水质标准，因此，海域水环境现状评价参照第二类海水水质标准。

① 海水水质现状调查结果

工程前（2005 年 10 月）工程区海域水质状况最为突出的就是水体的富营养化问题，评价因子中活性磷酸盐和无机氮 100% 超出第二类海水水质标准，不能满足调查海域所处功能区水质类别的要求。pH、溶解氧、石油类、化学需氧量均小于 1，能满足该海域所在功能区水质类别的要求。

工程后（2017 年 10 月），各监测因子中 pH、COD、DO、Zn、Cu、Cd、Pb、Cr、As、Hg、石油类、硫化物、挥发性酚等均符合第二类海水水质标准的要求。无机氮全部站位、活性磷酸盐部分调查站位超第二类海水水质标准，其中：活性磷酸盐 81.8% 的站位超第三类海水水质标准，9.1%的站位超第四类海水水质标准；无机氮100%的站位超第三类海水水质标准，59.1%的站位超第四类海水水质标准。评价海域水体质量总体一般。

② 海水水质变化趋势分析

从评估区域海域水质调查结果统计表可知，评估海域水质常规监测因子除石油类外施工后均较施工前有所下降；挥发性酚和硫化物由于监测数据较少，无法比较变化趋势，但总体含量较低。根据浙江省历年海洋环境公报，象山港海域水质为劣四类，主要超标因子为无机氮和活性磷酸盐，因此，本次收集到的监测结果与公报结果一致。

重金属监测因子除锌外，施工后均较施工前总体呈降低趋势；总铬、砷和汞由于监测数据较少无法比较变化趋势，但总体含量不超过第二类海水水质标准，可知围填海施工后对于该因子无显著影响。

（2）沉积物环境影响评估

根据《浙江省海洋功能区划（2011—2020年）》，评价海域有鄞州工业与城镇用海区和象山港农渔业区，根据《海洋工程环境影响评价技术导则》，评价海域存在多个不同功能区，海域环境评价按从严要求执行。根据评价海域各用海功能区中海洋环境保护管理要求，调查站位沉积物质量评价标准均执行《海洋沉积物质量》（GB 18668—2002）中的第一类标准。

① 沉积物现状调查结果

工程前（2005年10月），根据现场调查分析结果得出：海域沉积物中有机碳标准指数范围为0.20~0.28；硫化物标准指数范围为0.041~0.073；石油类的标准指数范围为0.057~0.075；Cu的标准指数范围为0.81~0.97；Pb的标准指数范围为0.37~0.45；Zn的标准指数范围为0.67~0.77；Cd的标准指数范围为0.31~0.35。标准指数值均小于1，表明工程区海域沉积物各评价因子均能满足第一类海洋沉积物质量标准的要求。

工程后（2017年10月），评价海域沉积物质量整体良好。调查海域沉积物各监测因子中Zn、Cd、Pb、As、Hg、石油类、有机碳、硫化物、六六六、DDT、多氯联苯等均符合第一类海洋沉积物质量标准。重金属铜和总铬部分站位超标，超标率为44.4%，超标站位符合第二类海洋沉积物质量标准。

② 沉积物变化趋势分析

评估海域沉积物常规监测因子硫化物、石油类和有机碳均呈降低趋势。重金属监测因子镉呈降低趋势；铅、铜和锌呈轻微升高趋势；砷、汞、六六六、DDT和多氯联苯由于监测数据较少，无法比较变化趋势，但均未超第一类海洋沉积物标准。围填海工程建设本身不产生沉积物污染，仅在施工期由于机械作业、施工人员生活污水和垃圾排放等产生少量的油类、有机质、重金属等污染物，但是在可靠的环保措施下，该影响是微弱且暂时的，从长期而言，工程对海域的沉积环境影响不大。

4）海洋生物生态影响评估

（1）叶绿素 a

工程后，工程附近海域的叶绿素 a 的浓度整体比施工期呈现上升的趋势，总体波动不大。

（2）浮游植物

浮游植物种类数与生物量在施工前后变化不大。优势种基本以圆筛藻藻为主，优势种变化不大。多样性指数施工后低于施工前。围填海工程建设不会阻碍区域大范围水体的交换，也不会阻碍浮游植物随水体在本海域的流动。施工前后监测数据证明区域浮游植物群落基本处于稳定状态。总体而言，填海建设对浮游植物没有大的影响。

（3）浮游动物

施工前的浮游动物种类、生物量、栖息密度均小于施工后。多样性指数、均匀度施工前后相比变化不大；施工前后优势种均以桡足类为主。围填海工程建设主要占用潮间带滩涂，不会阻碍区域大范围水体的交换，也不会阻碍浮游动物随水体在本海域的流动，施工前后监测数据证明区域浮游动物群落基本处于稳定状态，施工后浮游动物现状种类、生物量和栖息密度均优于施工前。总体而言，填海建设对浮游植物没有大的影响。

（4）底栖生物

一般来说，围填海工程建设后主要造成工程附近动力环境和冲淤环境的影响，改变局部区域的地貌格局，从而影响底栖生物的栖息环境，对底栖生物会有一定的影响。尤其是填海区域，底栖生物会全部灭失或逃逸。监测数据对比表明，调查发现的底栖动物种类数与组成基本未发生变化，主要群类一直是软体动物。生物量与种类基本一致。栖息密度降低较多，多样性指数、均匀度指数也有一定的下降。由此证明，大嵩围涂工程对周边海域的底栖生物造成了一定的影响。

（5）潮间带生物

对比施工前后大嵩海域潮间带生物种类数、生物密度和生物量。施工后生物种类数、栖息密度都下降较多，生物量变化不大。潮间带生物主要群落未发生变化，仍然以贝类和甲壳类为主。围堤填海的结果将完全破坏潮间带生物的栖息地，使有的生物迁移，有的生物灭亡，不可逆地破坏了该地的潮间带生态系统。总体而言，大嵩围涂施工对海域潮间带生物造成了一定的影响。

（6）鱼卵、仔鱼与游泳生物现状评价

围填海工程通常造成该海域内许多重要的渔业资源产卵场消失、渔场外移。鱼类的产卵场一般在近岸的浅水区，有淡水注入、盐度较低和浮游生物丰富的海域。大嵩海域作为非典型的鱼类产卵场、觅食场和越冬场，渔业资源并不丰富。由于近些年来开展的捕捞和海水养殖，基本已经不能形成鱼汛，渔业资源匮乏。本次收集的资料已是工程实施 8 年之后，数据显示大嵩外侧整体海域游泳生物种类数、渔获物资源密度（重量、尾数）均较低。

由于悬浮物黏附在游泳生物周围导致其窒息死亡，围填海施工期间造成的高浓度悬浮颗粒扩散场对鱼卵、仔鱼、游泳生物会造成一定的伤害。一般来说，施工结束后，悬浮物浓度降低并恢复到原状。工程建设完成一段时间后，海域周边的游泳生物生态环境也会逐渐恢复。因此，海域整体的鱼卵资源、渔业资源较低是受到各方面影响的。本项目围填海工程对海域整体的鱼卵资源和渔业资源产生了一定的损害，但影响程度并没有那么显著。

5）生态敏感目标影响评估

（1）生态敏感目标分析

① 根据《浙江省海洋功能区划（2011—2020 年）》，评估图斑涉及象山港农渔业区（A1-1），属于海洋生态敏感目标。

② 根据《浙江省海洋生态红线划定方案》，评估图斑涉及象山港蓝点马鲛国家级水产种质资源保护区核心区（33-Xe07）和春晓至松岙岸段自然岸线（06），属于海洋生态敏感目标。

③ 根据《浙江省海岛保护规划（2017—2020 年）》，本次评估范围包含象山港中岛群（Ⅳ-02）内 5 座、象山港北岛群（Ⅳ-03）内 19 座、象山东屿山岛群（Ⅳ-04）内 13 座、北仑梅山、穿山南岛群（Ⅲ-16）内 5 座，以及普陀六横、佛渡岛群（Ⅲ-17）内 26 座无居民海岛。

④ 评估图斑附近有宁波咸祥滨海鸟类保护小区。大嵩围垦区的生境比较单一，评估图斑所在区域已完成围填。根据 2018 年 10 月至 2019 年 3 月的现场调查，大嵩围垦区共记录鸟类 12 目 26 科 69 种，其中湿地水鸟 38 种（占 55.1%）。本区域的鸟类以留鸟和冬候鸟为主。围垦区记录有国家二级重点保护鸟类 2 种（红隼和黑鸢）、浙江省重点保护鸟类 8 种、《中华人民共和国政府和日本国政府保护候鸟及其栖息环境协定》物种 28 种、《中华人民共和国政府和澳大利亚政府保护候鸟及其栖息环境的协定》物种 17 种；在杂草荒地生境分布的主要是适应人类活动的雀形目鸟类，以及部分常见湿地鸟类在积水区域和滩地上临时栖息；在水产养殖区分布的主要为在深水区栖息的鸭类、鸊鷉和鸬鹚等鸟类，以及部分在浅水湿地生境分布的鹭类、秧鸡和鸻鹬类等。家燕、金腰燕、红隼和黑鸢为全域分布鸟类，在围垦区及周边上空飞行，较少停留。

（2）生态敏感目标影响评估

① 对象山港农渔业区的影响分析

鄞州区咸祥镇南头村小船塘头海域填海区、杭伟砂场填海区、鹰龙物流码头填海区、宁波市东方船舶修造有限公司填海区中的部分区块属于"象山港农渔业区"。鄞州区咸祥镇南头村小船塘头海域填海区目前为当地小渔村停靠服务的后方陆域，属于渔业基础设施用海，符合海域使用保障的主导功能。鹰龙物流码头填海区功能为码头堆场，属于交通运输用海中的港口用海，符合"象山港农渔业区"的兼容功能。杭伟砂场地面设施已进行拆除，填海区闲置。宁波市东方船舶修造有限公司填海区中的部分区块已建成多年，面积小，目前船舶修造已经停止，暂实施咸祥镇百亩花海项目，今后拟开发作为工业用地，并对外侧沿海区域进行相应修复。就目前花海项目而言，对"象山港农渔业区"无影响。今后在实施生态修复的基础上，做好工业三废管理，则不会对"象山港农渔业区"产生影响。

② 对象山港蓝点马鲛国家级水产种质资源保护区核心区（33-Xe07）的影响分析

大嵩围区 2008 年开工建设，2010 年左右完成围塘工程，该围塘工程已取得海域使用权证，属于合法的围塘工程。《浙江省海洋生态红线划定方案》于 2017 年公布。该划定方案将大嵩围区及内侧陆域划定为象山港蓝点马鲛国家级水产种质资源保护区核心区，并不符合该区域实际建设情况及权属情况。南头村小船塘头海域填海区占用面积仅 45 m² 的行为应属于《浙江省海洋生态红线划定方案》底图的岸线测量误差所致。鹰龙物流码头填海区 749 m² 属于占用象山港蓝点马鲛国家级水产种质资源保护区核心区的行为。其余图斑不占用区象山港蓝点马鲛国家级水产种质资源保护区核心区，对其无影响。

③ 对春晓至松岙岸段自然岸线（06）的影响分析

鄞州区咸祥镇南头村小船塘头海域填海区西侧部分占用生态红线自然岸线，该局部少量占用岸线属于《浙江省海洋生态红线划定方案》底图的岸线测量误差所致。鹰龙物流码头填海区局部占用自然岸线 81 m。其余评估图斑不占用春晓至松岙岸段自然岸线，对岸线无影响。

④ 对无居民岛的影响分析

本工程距离最近的无居民岛为盘池山岛，距离约 900 m。工程属于存量围填海，实施已经完成。经施工前后水质和生态对比分析，施工期对海域水质和生态无明显影响，不会对附近无居民海岛的海洋环境造成影响。本工程围填海引起的水动力和冲淤变化均局限在附近海域，并且经过多年已达到冲淤平衡，不会对距离 900 m 以上的其他无居民岛产生冲刷和淤积。本工程最大的围区大嵩滩涂围塘工程距离最近的海岛圆山岛约 4.5 km，养殖行为不会对该无居民海岛产生任何不良影响。

宁波东方船舶有限公司已经停止生产，无相关污染物入海，今后作为工业用地，做好"三废"管控的情况下，也不会对周边 900 m 以上的无居民岛产生影响。

鹰龙物流码头、杭伟砂场拟进行拆除，咸祥镇南头村小船塘头填海区除《中华人民共和国海域使用管理法》施行前已成陆区域外，其余均进行拆除，拆除施工造成的悬浮泥沙扩散也不会影响 900 m 以外的无居民海岛。

⑤ 对宁波咸祥滨海鸟类保护小区的影响分析

大嵩围垦区有鸟类 12 目 26 科 69 种，包括湿地水鸟 38 种，鸟类多样性水平一般。大嵩围垦区周边人类活动密集，原有生境虽然为浅海湿地，但不属于重要的鸟类栖息地，围垦工程虽然客观上减少了水鸟的栖息生境，但同时也为另一些适应陆生的鸟类创造了适宜生境。总体上，围垦工程对本区域鸟类的生境和多样性影响较小。如果在后期，对围垦区进行一定的生态修复，营造多样的鸟类栖息生境，有利于进一步提高本区域的鸟类多样性。

从我国动物地理区划上看，大嵩围垦区所在区域的动物区划属东洋界中印亚界华中区东部丘陵平原亚区，其所属的沿海区域是重要的鸟类迁徙通道，鄞州大嵩位置处于东亚-澳大利西亚候鸟迁徙通道上。虽然围垦工程占用了部分浅海湿地，但由于围垦区周边人类活动密集，不适合迁徙水鸟的栖息，在该区域栖息停留的水鸟很少。因此，大嵩围垦工程对迁徙候鸟及其栖息地的影响较小。

3.3.2.4 围填海项目生态损害评估

评估目的：将围填海工程带来的海洋生物资源损失、海洋环境功能损失、海洋生态系统功能损失，通过货币补偿和海洋生态修复工程方式进行合理赔偿。

评估依据：海洋生物资源损失估算依据《建设项目对海洋生物资源影响评价技术规程》（SC/T 9110—2007）；海洋生态系统服务功能损失估算依据《海湾围填海规划环境影响评价技术导则》（GB/T 29726—2013）。

评估指标构建：海洋生物资源损失评估主要包括渔业资源、浮游生物、底栖生物和潮间带生物损失。海洋生态系统服务功能损失主要考虑那些可计量、可货币化的服务要素，包括海洋供给服务、海洋调节服务、海洋文化服务和海洋支持服务。

1）海洋生态系统服务价值的损害评估

参考海洋生态系统服务价值估算方法，并结合各种估算方法在鄞州区围填海生态系统服务功能价值损失估算中的可行性和可操作性，将围填海的生态系统服务功能价值损失归纳为供给功能损失、调节功能损失、支持功能损失和文化娱乐损失4大类6项生态服务功能损失类型，包括食品生产供给服务（人工养殖生产、海域水产自然供给）、空气调节服务、废弃物处理服务、生物调节与控制服务、知识扩展服务和生物多样性维持。

经计算，鄞州区历史围填海工程导致的生态系统服务功能价值损失总计为151.90万元/a。在这些海洋生态系统服务功能损失价值组成中，以人工养殖生产损失量最大，每年损失约108.30万元，占鄞州历史围填海工程生态系统服务功能价值损失总量的71.29%（表3-1）。

表3-1 围填海对海岸带典型生境生态系统服务功能影响程度

项目	功能类型	服务价值损失/（万元/a）	百分比/%
供给服务	人工养殖生产	108.30	71.29
	海域水产品自然	0.23	0.16
调节服务	空气质量调节	1.04	0.69
	废弃物处理	32.51	21.40
	生物调节与控制	0.96	0.63
文化服务	知识扩展服务	1.28	0.84
支持服务	生物多样性维持	7.58	4.99
总计	—	151.90	100

2）海洋生物资源损害评估

海洋生物资源损失，包括因围填海工程实施引起的渔业资源、珍稀濒危水生野生生物，以及维系海洋生态功能的其他生物资源量的损失。根据《建设项目对海洋生物资源影响评价技术规程》（SC/T 9100—2007），对于围填海工程建设项目，鱼卵、仔鱼、底栖生物、潮间带生物、珍稀濒危水生生物和渔业生产为重点评估内容，游泳生物和浮游生物为依据具体情况选择的必选评估内容。围填海工程建设占用渔业水域，使渔业水域功能被破坏或海洋生物资源栖息地丧失。

经计算，鄞州区历史围填海项目造成的海洋生物赔偿总额为 382.263 5 万元（表 3-2）。

表 3-2 海洋生物资源损失价值汇总

种类	一次性生物损失量	一次性生物损失价值/（万元/a）	总生物损失价值/万元
鱼卵	5 650 282 粒	2.994 6	59.893 0
仔鱼	1 918 566 尾	5.084 2	101.684 0
游泳生物	0.014 t	0.022 2	0.443 8
浮游植物	2.877 3 t	0.045 7	0.915 0
浮游动物	0.017 5 t	0.002 8	0.055 6
潮间带生物	6 895 3 t	10.963 6	219.272 1
合计		19.113 1	382.263 5

3.3.2.5 海洋生态环境影响综合评估

1）水动力环境影响

（1）经分析计算，工程造成象山港水域纳潮量减少约 79.6×10^4 m^3，相较于长度约 52 km、宽度平均约 4 km 的象山港，其纳潮量减少仅占 0.038%。

（2）大嵩围涂工程实施后，围塘后原滩涂漫滩潮流全部消失；在永安河与下洋河之间的围堤前，潮流略有增大；三山大闸附近海域流速有所减小；平均流速减小的区域从三山大闸一直扩展至梅山南侧的独落峙的海域，离三山大闸越远，则流速减小至最少；在梅山港和汀子山周围亦有部分区域潮流减少；在双屿门水道流速有增有减。

（3）宁波东方船舶修造有限公司围填海工程所引起的流速增幅很小，对附近海域流场的影响主要是减速。工程造成的流速在海堤边界有所降低，但是落急变化幅度在 5% 以内，对于水流较缓，水面宽阔的象山港的开发活动影响小。工程的流速变化仅集中在岸边。

（4）南头村小船塘头海域填海区、杭伟砂场填海区、鹰龙物流码头填海区围填海工程面积较小，分别仅为宁波东方船舶修造有限公司围填海工程面积的 6.3%、6.7% 和 39%，通过类比分析可以推测，南头村小船塘头海域填海区、杭伟砂场填海区、鹰龙物流码头填海区围填海工程造成的水动力影响极小，且影响范围仅局限于工程区附近，对象山港的水文动力环境基本没有改变。

2）地形地貌与冲淤环境影响

（1）大嵩围区实施引起大嵩海堤和洋沙山南大堤之间局部淤积，三角区域最大淤积可达 1 m。大嵩围堤外侧其余区域冲淤基本无变化。本工程的环境影响主要限于本工程围堤与洋沙山之间，工程后年冲淤强度为 0.2~0.3 m/a，最终淤积量为 0.8~1.2 m；在梅山岛南端外侧略偏淤，年淤积强度 0.03~0.06 m/a，最终淤积量为 0.1~0.25 m；在鄞州围堤中部外侧近区略偏冲，年冲刷强度为 0.03~0.06 m/a，最终冲刷量为 0.1~0.25 m；在计算区域的其他海区冲刷幅度较小，冲淤强度小于 0.02 m/a。工程后该海域达到冲淤平衡的时间为 3~5 a。

（2）宁波东方船舶修造有限公司围填海工程在海堤堤脚及海堤东面峡湾内侧引起淤积，其中，海堤东面淤积强度为 0.1~0.3 m，海堤堤脚淤积强度为 0.1~0.25 m。工程完成以后，海堤临海一侧西部出现冲刷，主要出现在海事码头附近靠岸一侧，首年泥沙冲刷量为 0.01~0.2 m。由于该海区的流速很小，而且工程后流速变化也不大，因此第一年的冲刷强度并不大。工程后达到冲淤平衡的时间为 3~5 a。

（3）由于南头村小船塘头海域填海区、杭伟砂场填海区、鹰龙物流码头填海区围填海工程造成的水动力影响极小，可以推测其所引起的冲淤变化也仅局限于工程附近小范围内，其他区域一般保持冲淤平衡的状态不变。

3）海域水质和沉积物环境影响

评估海域水质常规监测因子除石油类外施工后均较施工前有所下降；挥发性酚和硫化物由于监测数据较少，无法比较变化趋势，但总体含量较低。重金属监测因子除锌外，施工后较施工前总体呈降低趋势；总铬、砷和汞由于监测数据较少无法比较变化趋势，但总体含量不超过第二类海水水质标准，可知围填海施工后对于该因子无显著影响。

评估海域沉积物常规监测因子硫化物、石油类和有机碳均呈降低趋势；重金属监测因子镉呈降低趋势；铅、铜和锌呈轻微升高趋势；砷、汞、六六六、DDT 和多氯联苯由于监测数据较少，无法比较变化趋势，但均未超一类海洋沉积物标准。围填海工程建设本身不产生沉积物污染，仅在施工期由于机械作业、施工人员生活污水和垃圾排放等产生少量的油类、有机质、重金属等污染物，但是在可靠的环保措施下，该影响是微弱且暂时的，从长期而言，工程对海域的沉积环境影响不大。

4）海域生态环境影响

工程前后海域附近的叶绿素 a 的浓度总体波动不大。围填海工程建设不会阻碍区域大范围水体的交换，也不会阻碍浮游动植物随水体在本海域的流动。监测数据证明填海建设对浮游动植物的影响极小。本次评估的围填海对象直接占用海域对浮游植物的一次性损害为 2.877 3 t，一次性损害补偿为 0.045 7 万元。由于其损害属于不可逆行为，故按照 20 a 计算，总损害补偿额为 0.915 0 万元。围填海直接造成浮游动物一次性损害为 0.017 5 t，一次性损害补偿为 0.002 8 万元，按照 20 a 计算，总的补偿额为 0.055 6 万元。

围堤填海的结果完全破坏潮间带生物的栖息地，使有的生物迁移，有的生物灭亡，不可逆地破坏该地的潮间带生态系统，潮间带生物在施工后种类数量、栖息密度都下降较多。填海工程对潮间带生物生产了较大影响，本次评估的围填海对象对潮间带生物资源的一次性损害为 6.895 3 t，一次性损害补偿为 10.963 6 万元，按照 20 a 计算，补偿金额为 219.272 1 万元。

底栖动物种类数与生物量变化不大，栖息密度降低，多样性指数、均匀度指数有小幅度的下降，有可能是因为施工后调查更靠近冬季。由于填海区全部占用潮间带区域，不占用浅海，故对底栖生物基本无影响。

大嵩围区内的两个图斑是在外侧围堤建成的基础上进行的填海，其对海域鱼卵和仔鱼影响很小。其他图斑面积不大，对海域鱼卵和仔鱼影响较小。鄞州区历史围填海工程直接占用海域造成鱼卵和仔稚鱼一次性损害分别为 5 650 282 粒和 1 918 566 尾，一次性损害补偿金额分别为 2.994 6 万元和 5.084 2 万元。损害补偿按照不低于 20 a 计算，鱼卵、仔稚鱼补偿金额分别为 59.893 0 万元和 101.684 0 万元。围填海直接占用海域水体造成游泳生物一次性损害 13.956 4 kg，一次性损害补偿 0.022 2 万元，填海造成游泳生物损失属长期的、不可逆的，损害补偿年限按不低于 20 a 计算，其补偿金额 0.443 8 万元。

5）生态敏感目标影响

本次评估图斑周边的生态敏感目标有象山港农渔业区、象山港蓝点马鲛国家级水产种质资源保护区核心区、春晓至松岙岸段自然岸线（06）、数十座无居民海岛、宁波咸祥滨海鸟类保护小区。

（1）对象山港农渔业区的影响分析

① 鄞州区咸祥镇南头村小船塘头海域填海区目前为当地小渔村停靠服务的后方陆域，属于渔业基础设施用海，符合海域使用保障的主导功能。② 鹰龙物流码头填海区功能为码头堆场，属于交通运输用海中的港口用海，符合"象山港农渔业区"的兼容功能。③ 杭伟砂场地面设施已进行拆除，填海区闲置。④ 宁波市东方船舶修造有限公司填海区部分区块已建成多年，面积小，目前船舶修造已经停止，暂实施咸祥镇百亩花海项目，今后拟开发作为工业用地，并对外侧沿海区域进行相应修复。就目前花海项目而言，对"象山港农渔业区"无影响。今后在实施生态修复的基础上，做好工业"三废"管理，则不会对"象山港农渔业区"产生影响。

（2）对象山港蓝点马鲛国家级水产种质资源保护区核心区的影响分析

大嵩围区内填海区虽大部分占用了象山港蓝点马鲛国家级水产种质资源保护区核心区，但从围区建设时间及生态红线划定方案时间先后来看，该占用是由于生态红线划定方案不符合现状海陆情况分布引起的。

南头村小船塘头海域填海区占用 45 m² 象山港蓝点马鲛国家级水产种质资源保护区核

心区，鹰龙物流码头填海区占用 749 m² 象山港蓝点马鲛国家级水产种质资源保护区核心区均属于非法占用行为。其余图斑不占用象山港蓝点马鲛国家级水产种质资源保护区核心区，对其无影响。

（3）对春晓至松岙岸段自然岸线（06）的影响分析

本次评估区块鄞州区咸祥镇南头村小船塘头海域填海区西侧部分占用生态红线自然岸线 7.1 m。鹰龙物流码头填海区局部占用自然岸线 80.6 m。两者合计占用自然岸线 87.7 m。其余评估图斑不占用春晓至松岙岸段自然岸线，对岸线无影响。

（4）对无居民岛的影响分析

本工程距离最近的无居民岛为盘池山岛，距离约 900 m。围填海图斑对附近无居民岛无影响。

（5）对宁波咸祥滨海鸟类保护小区的影响分析

大嵩围垦区周边人类活动密集，原有生境虽然为浅海湿地，但不属于重要的鸟类栖息地，围垦工程虽然客观上减少了水鸟的栖息生境，但同时也为另一些适应陆生的鸟类创造了适宜生境。总体上，围垦工程对本区域鸟类的生境和多样性影响较小。如果在后期对围垦区进行一定的生态修复，营造多样的鸟类栖息生境，有利于进一步提高本区域的鸟类多样性。

3.3.2.6 生态修复对策

1）主要生态问题

依据围填海生态评估分析及现场踏勘情况，对鄞州区历史围填海项目带来的生态问题主要分析如下。

（1）滨海滩涂及生态红线区的占用

湿地在维持生态平衡、保持生物多样性和珍稀物种资源、涵养水源、蓄洪防旱、降解污染等方面均起到重要的作用。根据现状分析，滨海滩涂减少面积为 36.101 3 hm²。

鹰龙物流码头局部填海区为建筑垃圾堆放区，且侵占象山港蓝点马鲛国家级水产种质资源保护区核心区，占用面积为 749 m²。鄞州区咸祥镇南头村小船塘头海域填海区西侧部分侵占象山港蓝点马鲛国家级水产种质资源保护区核心区 45 m²。

（2）围填海造成海洋生物资源损失

由于用海区占用了滩涂水域，用海性质发生改变，由滩涂变为陆地，造成栖息于此的海洋生物死亡；本次评估图斑围填海工程造成的鱼卵一次性损害 5 650 282 粒，造成的仔稚鱼一次性损害 1 918 566 尾，造成游泳生物一次性损害 13.956 4 kg，造成浮游植物一次性损害 2.877 3 t，造成浮游动物一次性损害 0.017 5 t，造成潮间带生物一次性损害 6.895 3 t，无底栖生物资源损害。

（3）岸线生态化程度低

本次评估图斑围填海工程实施后，均未建设相应的生态化海堤。宁波市东方船舶修造有限公司岸线土石裸露，且局部有垃圾，易受潮水冲刷而导致水土流失。鹰龙物流码头局部岸线为建筑垃圾堆放区，杭伟砂场填海区为直立式海堤。总体而言，本次填海图斑岸线附近生态化程度不高。

2）生态修复对策

（1）生态修复目标

以"创新、协调、绿色、开放、共享"为理念，秉承"绿水青山就是金山银山"的思想，针对鄞州区历史围填海存在的生态环境问题精准施策，通过填海区局部拆除、岸线修复、生态绿地建设、增殖放流，切实修复和恢复该区域的海洋生态环境，提高区内景观度，通过科学管理、合理规划协调发展与环境保护的关系，给予周边民众更多亲水空间，提高居民的获得感和幸福感，构建人–海和谐的滨海新区，促进人与自然和谐发展。

（2）生态修复主要措施

基于鄞州区几个围填海图斑的生态功能定位，依据围填海项目特征和存在的生态问题，精准施策，规划生态修复内容和重点。修复区域包括围填海区、海岸带，同时开展海洋生物增殖放流。

①　退填还海

针对滨海滩涂及红线区占用，拟进行退填还海，恢复部分滨海滩涂，解除生态红线区占用。

全部拆除杭伟砂场填海区和鹰龙物流码头填海区，部分拆除南头村小船塘头海域填海区和宁波市东方船舶修造有限公司部分填海区，合计拆除 1.831 6 hm²，可恢复区域滨海滩涂属性。

在恢复滨海滩涂属性的同时，鄞州区咸祥镇南头村小船塘头海域填海区和鹰龙物流码头填海区对春晓至松岙岸段（06）自然岸线占用和对象山港蓝点马鲛国家级水产种质资源保护区核心区的部分占用行为均解除。

②　海岸生态提升工程

针对岸线生态化程度低这一生态问题，拟进行岸线生态化改造。实施新湾塘砂质岸线修复工程（150 m，基本已完成）、宁波市东方船舶修造有限公司围填海工程沿岸岸线生态提升（290 m）等，以期提高围填区岸线及附近岸线的生态化程度。

③　海洋生物资源恢复工程

针对海洋生物资源损害这一生态问题，拟进行海洋生物资源恢复措施。采取中度干扰措施，投放毛蚶、沙蚕及菲律宾格仔等滤食性双壳类和多毛类水生生物。游泳动物放流种类可选择曼氏无针乌贼、黄姑鱼和黑鲷等进行投放，以期弥补填海造成的海洋生物资源损失。

④　大嵩围区生态绿地修复工程

考虑山林湖草田为一体的生态系统，在进行图斑拆除和岸线修复等措施的同时，在围填海区域保留一定的生态空间。大嵩北区未批先填区域，按相关生态用海空间的指标要求，建设局部绿地，通过高大的乔木与植被结合，以及对多品种的灌木进行搭配，形成干净利索、空间视线通透的道路绿化景观。

3.3.2.7 结论与建议

1）结论

通过总体评估可知，鄞州区历史围填海项目对海域水动力和冲淤环境影响不大，对水质无明显影响，对生态环境和生物资源有一定的影响，采取一定的增殖放流措施加以补偿。

大嵩围涂内两个围填海图斑符合海洋功能区划和相关规划，且位于已经确权的围堤内，拟进行生态修复和开发利用，无须拆除。

鄞州区咸祥镇南头村小船塘头海域填海区占用部分生态红线区和自然岸线，该区块面积为 0.160 8 hm^2，保留法前道路 0.074 8 hm^2，拆除其余填海区 0.086 hm^2，恢复海域自然属性。

杭伟砂场填海区目前闲置，今后无开发利用计划，拟进行拆除，恢复海域自然属性。

鹰龙物流码头填海区无开发利用计划，且拟进行拆除占用生态红线区和自然岸线的围填海区块，恢复海域自然属性。

宁波东方船舶有限公司填海区符合海洋功能区划和相关规划，西侧场区目前暂为花海用地，远期进行工业开发，东侧区块部分与新湾塘砂质岸线衔接，且部分场地无开发利用计划，拟进行拆除，拆除其中 0.509 9 hm^2。此外，在该厂区沿岸实施一定的生态修复，提高岸线生态化。

2）建议

（1）大嵩围区内两个围填区块和宁波东方船舶有限公司填海区拟进行工业开发，在工程开发过程中及营运期，需对附近海域定期进行石油类、COD、BOD、无机氮、活性磷酸盐等监视监测。

（2）建议做好生态修复各项措施的监督落实和效果评估，使生态修复落到实处。

（3）生态修复过程中，引入的动植物尽可能采用当地物种。如果采取外来物种，需进行严格的风险评估，防止带来生物入侵的生态风险。

（4）实际拆除过程中，应充分考虑周边地形地貌和其他建筑物和构筑物的安全和使用要求，确保不影响周边其他建筑物或者构筑物的安全和使用。

第 4 章 海洋生态修复技术方案

为贯彻落实《国务院关于加强滨海湿地保护严格管控围填海的通知》（国发〔2018〕24 号）的要求，根据《中华人民共和国海域使用管理法》等法律法规和《海域使用论证技术导则》等相关技术规范，自然资源部办公厅于 2018 年发布了《围填海项目生态保护修复方案编制技术指南（试行）》，有效指导围填海项目生态保护修复方案编制。

对于需开展生态修复的项目，应根据合理的评价标准，运用生态学方法，评估海洋工程项目对海洋生态造成的影响和海洋生态价值的损害，明确主要生态问题，进而提出生态修复对策。对于不同修复类型的修复技术方法，该指南也列举了相关的修复措施和技术参考。表 4-1 列举的措施均是应用广泛、技术成熟的生态修复措施，并有相关技术指南可供参考，便于科学合理开展修复，目前全国沿海省、市、自治区围填海生态修复多参照该指南开展。

表 4-1 生态修复措施与相关技术要求

序号	修复类型	修复措施	相关技术参考
1	岸线修复	自然岸线：可采取沙滩养护、植被种植、促淤保滩等措施，修复和重建受损自然岸线 人工岸线：可采取环境整治、生态护岸、景观建设等措施，提升海岸线景观效果；可采取海防工程加固、提高海堤标准等措施，增强海岸灾害防御能力；可采取堤坝拆除、生态海堤建设等措施，形成具有自然海岸形态特征和生态功能的海岸线	《海滩养护与修复技术指南》（HY/T 255—2018）
2	滨海湿地修复	可采取水系恢复、植被保育、退养还滩、退耕还湿、外来物种防治等措施，恢复滨海湿地的结构与功能；红树林、珊瑚礁等典型生态系统修复，还可采取异地补种等措施	《红树林植被恢复技术指南》（HY/T 214—2017）；《海滩养护与修复技术指南》（HY/T 255—2018）
3	海洋生物资源恢复	可采取大型藻类种植、增殖放流和人工鱼礁投放等措施，恢复海洋生物资源	《人工鱼礁建设技术规范》（SC/T 9416—2014）；《水生生物增殖放流技术规程》（SC/T 9401—2010）
4	水文动力及冲淤环境恢复	可采取堤坝拆除、清淤疏浚等措施，改善水文动力与冲淤环境	—
5	无居民海岛生态修复	可采取拆除连岛坝、海岛岸线修复等措施，恢复海岛生态系统独立性和完整性；采取植被复植等措施，恢复被破坏的海岛自然覆被	《海岛生态整治修复技术指南》

4.1 人工岸线生态修复技术方案

4.1.1 人工岸线修复考核内容

4.1.1.1 景观化整治修复考核内容

浙江省自然资源和规划局（原浙江省海洋与渔业局）发布的《浙江省海岸线整治修复评价导则（试行）》，明确了人工岸线景观化整治修复的考核内容，为整治修复效果的评估提供了依据。其考核内容包括以下几个方面。①环境优良性：规模与效果，即景观化整治修复规模、生态化程度和景观水平；海堤或护岸管理范围内植被覆盖率；海岸清洁状况，即有无垃圾污染和废弃物堆积；海岸生物水平如何，即整治修复区域是否有鸟类成群栖息、种类是否丰富。②海洋特色展现。海洋景观价值和地方海洋文化是否得到显著挖掘和展现；海岸景观建设后人文景观主题是否有所彰显，具备一定的元素组成。③配套设施：配套设施建设数量和规模是否合理；景观娱乐亲海设施设计美学价值是否突出，与海岸环境协调性是否良好；环保设施建设，即人类活动区是否建有垃圾回收、污水处理等环保设施建设。

4.1.1.2 能力提升整治修复考核内容

浙江省自然资源和规划局发布的《浙江省海岸线整治修复评价导则（试行）》，明确了人工岸线能力提升整治修复的考核内容，为整治修复效果的评估提供了依据。其考核内容包括以下几个方面。①岸线防御能力：护岸修复程度，即破损的海堤、护岸设施是否得到整治修复，设计理念和结构可靠性是否良好；综合防灾能力是否得到提升。②海岸生态性：海堤或护岸是否采用生态化材料或生态化结构，海堤或护岸管理范围内植被覆盖是否良好。③效果优良性：海岸淤积疏浚整治效果是否优良；水动力条件是否得到改善。④岸线利用效率：整治修复后岸线的综合利用效率是否得到提升。

4.1.2 人工岸线修复技术

4.1.2.1 景观化整治修复技术

浙江省自然资源和规划局发布的《浙江省海岸线整治修复评价导则（试行）》指出，人工岸线景观化整治修复是指通过环境整治、生态绿化、景观改造、文化挖掘、亲海设施构建等措施，打造海岸景观廊道和滨海广场，构建民众亲海空间，提升海岸线景观效果和文化价值的整治修复活动。该书 5.1 章节象山县石浦港海岸带整治修复及 5.2 章节象山县避岙之岸线整治修复的部分景观岸段修复采取了该修复技术。

1）环境整治

海岸垃圾清理整治可分为人工清理和机械化清理。采用人工捡拾的方式，对滩涂上泡沫、塑料、饮料瓶等块状、片状或瓶状的海漂垃圾进行人工清理。其他滩涂垃圾，如树枝及动物尸体等其他污染物体，建筑垃圾，以及破损护岸散落碎石等，可采用机械化清理，采用垃圾清理耙预处理石块等大块硬质垃圾，采用垃圾清理机和动力四轮驱动拖拉机等设备进行滩涂清理整治，采用小型绞吸式挖泥船进行表层浮泥清理。

2）生态绿化

海岸生态绿化相比于陆地生态绿化具有自身的特殊性，主要与海岸泥土盐碱性、海岸潮水淹没时间等密切相关。人工岸线景观化整治包括岸线内外两侧，即包括滨海园林绿化和海岸滩涂的生态绿化。植物配置遵守"梯次推进"的原则，适宜采用"乔灌草"结合的方式。

罗柳青（2018）对"江苏启东圆陀角围填区"绿化进行了案例研究，该围填海区的三角槭、马褂木、丝棉木、弗吉尼亚栎、丝葵、夹竹桃、槐、迎春花、红叶石楠、加红瑞木、龟甲冬青、茶梅、冬青卫矛、金边黄杨、红花檵木、栀子、海桐、阔叶十大功劳、珊瑚树、火棘杨梅、橘、悬铃木等生长良好，说明上述植被适宜江浙一带盐碱地种植，用于建设人工海岸带的滨海园林绿化十分适宜。

辜伟芳等（2019）调查研究得出，浙江省潮滩上存有7个植被型，47个群系，以互花米草群落、芦苇群落、海三棱藨草群落为优势植被类型，其他常见群落有碱蓬群落、盐地鼠尾栗群落、结缕草群落、碱菀群落、糙叶苔草群落、木麻黄林等。除互花米草具有生物入侵风险不宜选择作为滩涂生态绿化植被外，其余均可用于浙江一带滩涂的生态绿化。

3）景观改造

如人工海岸景观较差，为了改善沿岸景观，需对岸线内外侧均进行改造。岸线内侧可通过改建沿岸破旧的景观亭，新建景观亭、景观长廊、景观小品、假山、喷泉等一系列景观设施，具体可参照公园景观建设要求。

岸线外侧景观设施位于岸滩，目前研究较少，一般有水上景观长廊、水上景观亭、景观步道、小品、滩涂景观重建和沙滩景观重建等，后两者属于砂质岸线和淤泥质岸线修复内容。

4）文化挖掘

海洋文化就其类型来说，大致可以分为海洋民间文化、海洋生物文化、海洋渔业文化、海洋名人文化、海洋水利文化、海防文化、航海文化、港口文化等。宁波海洋文化最主要的为海洋民间文化。如多姿多彩的鱼灯、贝雕、贝类工艺品等海洋民间工艺；再如渔家船鼓、鱼灯舞、三月三踏沙滩、七月十六放船灯等海洋民间艺术；如祭海、请船福、开船祭、开网祭、放水灯等民间信仰风俗。

海岸生态修复要挖掘海洋文化，如开辟滩涂鱼虾捕捞区、海岸贝雕、贝类景观小品

等。丰富的海洋文化可为人工岸线修复增添一道亮丽的风景。

5）亲海设施构建

水上景观长廊、栈道、水上汀坝、景观亭、景观步道、景观小品不仅发挥着美化亮化海岸线的作用，同时也是重要的亲海设施。

4.1.2.2　能力提升整治修复技术

人工岸线能力提升修复指通过海堤护岸原位除险加固或海岸清淤疏浚整治等措施，增强海岸抗侵蚀和灾害防御能力，或增强海岸水体交换能力和改善冲淤环境，提升岸线基本利用功能的整治修复活动（本书5.1节象山县石浦港鹤浦海岸带整治修复中的盘基塘加固即人工岸线能力提升修复）。

人工岸线能力提升整治修复即建设海堤，提高防洪标准，并且海堤要保持一定的生态化，满足生态建设的要求，也即进行生态海堤的建设。

生态海堤建设是在保障海堤防洪防潮防浪功能的前提下，在已批复的区域建设用海规划范围内，提升新形成岸线的景观生态水平和公众开放程度，构建自然化、生态化和绿植化的新岸线。

生态型海堤在纵向设计上要对水域加以细分，充分考虑当地的生态特性；断面设计在满足防洪要求的前提下，应从生态角度出发，确保护面层透水性、多孔隙，护脚处营造多变的近岸流态。

在保障海堤（护岸）防洪防潮防浪安全的前提下，向海侧堤型可采用斜坡式结构，在条件适宜下尽可能缓坡入海，促进近岸海洋生境的重建。向内侧堤型也采用斜坡式结构，并进行草皮护坡。护面采用"格宾网垫+生态袋"的方式覆土后种植，其优点如下。

（1）适应性强：生态格网工艺以钢丝网箱/网垫为主体，为柔性结构，可适应各种土层性质并与之较好地结合，可适应地基变形，不削弱整体结构，不易断裂破坏。

（2）透水能力强：生态格网工艺可使地下水及渗透水及时地从结构填石缝隙中渗透出去，有效解决孔隙水压力的影响，利于岸（堤、路、山）坡的稳定。

（3）结构整体性强：生态格网网片由机械编织成双绞、蜂巢形孔网格，即使一两条丝断裂，网状物也不会松开。具有其他材料不能代替的延展性，大面（体）积组装，不设缝，整体性强。适用于水流速度较高的护岸工程。

（4）施工方便易组合：可根据设计意图，在工厂内制成半成品，施工现场能组装成各种形状。

（5）耐久性好：生态格网网丝经双重防腐处理，抗氧化作用强，抗腐耐磨，抗老化，使用年限长。

（6）美化生态环境：网箱砌体石缝终会被土填充（人工或自然），结构填充料之间的缝隙可使土体与水体之间维持自然交换，有利于植物的生长，形成一柔性整体护面，实现工程措施和生态环保措施相结合，恢复自然生态环境。

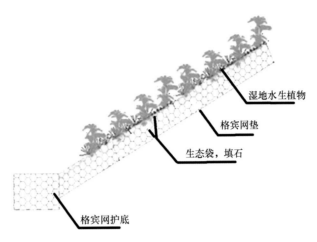

图 4-1　"格宾网垫+生态袋"护面结构形式示意图

4.2　沙滩生态修复技术方案

4.2.1　沙滩修复生态化考核内容

浙江省自然资源和规划局发布的《浙江省海岸线整治修复评价导则（试行）》，明确了砂质岸线生态化修复的考核内容，为修复效果的评估提供了依据。砂质岸线生态化考核指标包括以下几方面。① 地貌完整性程度：海岸地貌结构组成是否完整；潮间带平均宽度是否足够（30～50 m，50～200 m，>200 m）；海滩品质如何。② 岸滩稳定性程度：岸滩稳定时间是否可保持 2 a 以上；滩面稳定效果：颗粒组成与水动力环境适应性好，滩面是否存在冲刷或泥化现象。③ 护岸结构生态化程度：护岸结构是否斜坡或者透水；设计是否与环境协调；沿岸娱乐休闲设施是否设置合理。④ 海岸生态健康性：海滩是否平整、洁净，无污物、垃圾；海滩沉积物质量是否符合一类标准；海滩砂生植被覆盖程度如何。

4.2.2　沙滩修复方式

沙滩是滨海旅游业的重要内容，沙滩旅游可以有效促进当地海洋旅游产业的发展。沙滩对海岸侵蚀防护也有着重要作用，是简单而有效的保护方式。沙滩生态修复包含两个内容：一是在没有沙滩的海岸修建人工沙滩，称之为造滩；二是在原有沙滩基础上对其采取加宽稳固补沙等优化措施，称之为养滩。

沙滩修复可通过固定工程、养滩和人工沙滩 3 种方式进行。固定工程是指在沙滩易冲刷掏空区域边缘建筑一定的挡堤，以保持沙滩稳定。养滩是进行沙滩环境整治和适当补沙，以保持沙滩足够的沙层厚度和洁净美观。人工沙滩是通过在原非沙滩区域进行沙滩建造。

1）固定工程

筑堤方式是最早采用的抵御海滩侵蚀的方式。但多年实践表明，其可导致波能集中在堤角消散，导致泥沙横向运动失衡，向深海漂移。长此以往，堤角会被掏空，海滩坡度增加，沙滩表层砂粒粗化，不仅不能很好地保护沙滩，相反，会使沙滩遭受侵蚀的威胁加重，甚至在遭受台风、风暴潮作用时堤坝坍塌，海滩迅速后退。因此，近些年逐步采用建设水下浅堤方式以保护沙滩流失，此举效果较为明显。人工造滩也同样会建设水下浅堤。

2）养滩

对沙滩进行养护十分重要。若海岸自然供沙不足时，可调用外来砂源进行补充。增加平均高潮位以上海滩后滨宽度，并辅助以水下浅堤进行保护。实践表明，该方法是保护海岸不受侵蚀最有效的方法。德国于1951年起进行了抛沙养滩，并取得了较好的效果，法国于1962年开始抛沙养滩，意大利开始于1954年，西班牙开始于1983年。下文所述的下沙和大岙沙滩即采用该方式进行。

3）人工沙滩

人工沙滩，顾名思义，是人工建造的沙滩，通过船挖或管道输送，将来自其他区域的砂源采用人工铺填的方式营造沙滩。一般采用机械或水利方式填沙，营造稳定的沙滩环境，具有景观和保护岸滩双重作用，进而促进当地旅游休闲产业的发展。最早采用人工沙滩方法的是美国。1992年以来，通过养滩和人工沙滩建造成为美国海岸防护的最主要方式。欧洲最早建造人工沙滩的是荷兰。欧洲及美国的养滩工程统计如表4-1所示。下文所述的北仑区万人沙滩一期工程即人工沙滩。

表4-1　欧洲及美国的养滩及人工沙滩工程

国家	总计填沙量/10⁶ m³	养滩工程数量	年平均填沙量/10⁶ m³	年平均工程个数
美国	>360	—	30	—
法国	12	26	104	0.7
西班牙	110	400	183	10
德国	50	60	385	3
荷兰	110	30	733	6
丹麦	31	13	263	3
英国	20	32	570	4
意大利	15	36	420	1

4.2.3　沙滩修复主要技术

在《海滩养护与修复技术指南》（HY/T 255—2018）中给出了建造人工沙滩和沙滩

养护的技术路线（图4-2）。

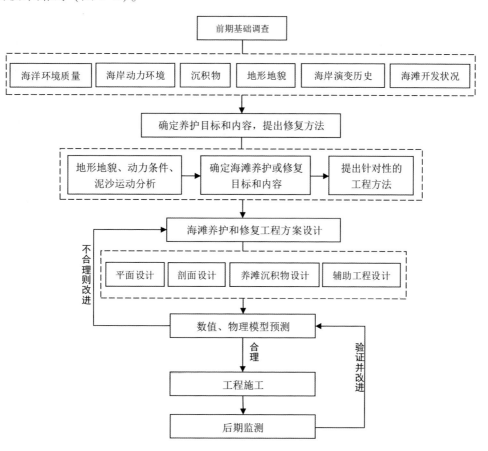

图 4-2　养滩和人工沙滩技术路线

1) 海洋要素综合研究

沙滩具有保护岸段和景观的双重效果，因此，在修复前需考虑其开发旅游的经济价值，对其社会条件进行分析。同时，沙滩实施是否具有工程可行性条件，必须对其自然条件进行分析。

研究的社会条件包括开发的区位条件、旅游经济价值、开发区域的区划和规划符合性、当地经济条件是否足以支撑。

自然条件分析包括工程区近岸动力环境分析、海滩动力地貌分析、海滩沉积环境分析、近岸生态环境分析。水质条件是否满足海水浴场使用。按《海水水质标准》，海水渔场水质应该符合第二类海水水质标准的要求。

2) 海滩养护和修复设计

沙滩岸线布设位置必须充分考虑岸滩稳定、泥沙输移和波浪情况，通过数学模拟的方式，得出最佳布设岸线，使得铺沙后，区域能够保持输沙平衡，尽可能减少今后补沙。

沙滩高程和剖面设计中，沙滩高程应充分考虑平均潮位以上的沙滩宽度，以保证有足够的滩面作为旅游休闲的场所。同时剖面设计应考虑缓坡入海，考虑沙滩的稳定性和

旅游休闲的舒适性。沙滩岸线位置，一般情况下可建设水下潜堤，减少泥沙流失。

在《海滩养护与修复技术指南》（HY/T 255—2018）中明确给出了沙滩设计包括：海滩剖面设计、平面形态设计、海滩养护与修复人工构筑物设计、滩肩高程设计、补沙粒径选择、数值模拟预测、取沙区选择和补沙量计算。具体计算和设计方法本书不予以详述。

国内也有其他专著、论文等对沙滩设计方面进行了研究，如乔贯宇和李斌（2019）通过模型研究了沙滩水下浅坝模式，可为沙滩修复提供借鉴。

3）施工

挖沙方式主要有绞吸式挖沙、耙吸式挖沙，通常还需要传送带抛沙。补沙方式主要有干滩补沙、滩面补沙、水下补沙和沙丘补沙4种。此外涉及辅助海岸工程及其他水工建筑施工，这里主要是沙滩水下浅坝。上述具体施工方式在《海滩养护与修复技术指南》（HY/T 255—2018）中已明确，此处不予以详述。本书通过研究，发现传统吹填补沙方式存在诸多不足，而扇面式吹填技术在传统吹填基础上有一定的提升。

（1）传统直接吹填

传统吹填首先将外来的补给泥沙使用挖泥船（吹沙船）吹填在整个海滩剖面上。在使用常规直接吹填工程中，陆地钢管的摆动范围极小，流动性差的吹填物料堆积在管头，无法散开，形成沙堆。由于管头堆积无法散开，吹填沙会堵住管口影响绞吸船施工效率，需要频繁停泵接管，严重影响施工效率及吹填质量，增加现场平整的机械设备费用。而后进行二次整平。在没有安装消能器的常规管头吹填工程中，吹填管头区域内经常会出现因流速快、冲刷力大而产生漩涡或回流等现象，严重时还会导致管头区域产生塌方致使管线被折断。

吹填区平整度控制方法一般有水力法和机械法。水力法即在施工中，通过水流的挟泥能力，合理地控制泥浆的流向、流速，使得最终的平整度达到设计及规范要求。机械法主要采用挖掘机、推土机、自卸汽车等在吹填区内进行二次倒运，将高程高的位置的泥土运至高程不足的位置，达到平整场地、控制吹填平整度的目的。

砂质海岸修复工程具有修复沙滩面积大、摊铺沙层薄、沙滩平整度要求高的特点。修复沙滩面积普遍在数平方千米，依托于陆地机械整平成本很高，施工效率低，受潮水影响部分区段陆地机械施工难度大，低潮位以下区段陆地机械无法作业，造成沙滩修复整治成本高、难度大。传统直接吹填二次整平的施工方法无法满足海岸修复整治工程需要。

（2）扇面式吹填技术

鉴于传统吹填的二次整平无法满足海岸修复工程的需要，寻求一种施工效率高、成本低、质量好的新型吹填技术，成为海岸修复整治工程的关键环节。

金雷鸣和夏广政（2018）研究指出，扇面式吹填技术工艺原理，是通过制作具有弯曲性能强、摆吹填法动性能好、耐摩擦的管线，在吹填施工过程中灵活调整管头吹填的角度，提高管头扩散面积，避免吹填物料在管头堆积，同时在管头安装消能器，降低管口冲力，从而起到提高吹填平整度，一次吹填成型，提高施工效率，大大缩短施工工期的作用。本技术尤其适用于吹填沙层薄、吹填面积大的砂质海岸修复整治施工项目。

4）沙滩修复后监测与管理

由于沿岸输沙的现象存在，一般人工沙滩，补沙在所难免。根据设计阶段的模拟结果，结合区域实际沙滩高程变化，及时进行补沙是必须的。因此，沙滩修复后监测与管理也极为重要。监测内容包括海滩和近岸剖面监测、沉积物变化监测、水动力环境监测、水质环境质量监测、底栖生物监测等。由于沙滩在水动力作用下不断运动和变化，各个参数之间相互关联，在监测时应综合考虑。监测方式方法及要求参见《海滩养护与修复技术指南》（HY/T 255—2018）。

4.3　基岩岸线生态修复技术方案

4.3.1　基岩岸线生态修复考核内容

浙江省自然资源和规划局发布的《浙江省海岸线整治修复评价导则（试行）》，明确了基岩岸线生态修复的考核内容，对基岩岸线修复内容提出了明确要求，且为修复效果的评估提供了依据。基岩岸线生态修复考核指标包括以下几个方面。①地貌完整性：地貌完整性是否较好，海蚀地貌是否典型；岸滩自然属性如何，即岸滩是否有危石、弃渣和人工废弃构筑物。修复材料是否生态化，即海岸修复是否完全采用当地基岩原石和本地植被等生态环保型材料。②景观生态效果：生态景观建设情况如何，即是否基岩海岸建有观景栈道和平台等生态景观设施，且数量合理，内容丰富；景观建设影响如何，即生态绿化和景观改良是否对基岩海岸造成不良影响；环境协调程度，即海岸生态景观廊道设计有无美学价值突出，与海岸环境协调性是否良好。③海滩生态健康性：海水、沉积物质量较修复前是否有所改善；生态绿化情况，即沿岸植被种类丰富，覆盖良好；生物水平，即潮间带生物量和资源密度程度如何。上述修复考核内容，为基岩岸线修复提供了方向。

4.3.2　基岩岸线修复技术

从基岩生态修复考核内容可知，地形地貌完整性不属于可人工修复的内容，因此，基岩岸线生态修复主要包括海岸环境清理、海岸景观建设、海岸植被恢复3个方面的工程。

1）海岸环境清理

海岸环境清理即清除危石、弃渣和人工废弃构筑物。该清理仍旧以机械和人工相结合的方式。

2) 海岸景观建设

海岸景观建设主要为景观栈道和平台。基岩海岸修建的栈道为山体和临水栈道结合的方式。空间形制上一般采用双立柱、单立柱、悬挑梁等几类，用于延伸水平方向景观视线、从相连的两个截然不同的空间之间形成链接与过渡，利用栈道的野而景丰、窄而趣致的感官亲和性打造临水空间。景观栈道的施工技术目前较为成熟，国内张家口等不少景区都有依托山体基岩而建设的景观栈道，为基岩岸线修复提供了技术保障。本书着重阐述基岩海岸景观栈道的设计。景观栈道的设计主要考虑系统营造、维度的营造、时间的营造，以及材料的营造。

（1）系统的营造。一个完整的栈道路线系统是景观栈道得以存在的基本要素，栈道系统是串联景点与景点、景点与服务中心的交通方式，如何以安全、准确、趣味的方式通过最合理的空间距离到达目的地便是栈道系统营造的要求。因此，选择路线采用因山就势、因地制宜的手法，娴熟地运用悬空架设、临水搭桥、垒石修路，才能更好地优化系统，营造栈道空间路线。

（2）维度的营造。景观栈道是一个空间上的构筑物，它存在于一个线性带状空间系统内，同时受制约于周围的自然空间维度元素，或一处山涧风口（自然力量破坏）或一处恶劣环境腐蚀（海滨盐碱空气、海浪冲刷）或一处生物侵蚀（植被的侵蚀）等来自维度空间上的各种环境元素的影响。因此，景观栈道在维度上的构筑更应科学地论证和优化材质的选择。

（3）时间的营造。任何事物的变化都逃不过时间元素，景观栈道系统尤其如此。因栈道系统一般多处于险峻惊奇之处，自然空间的侵蚀破坏在时间层面上无时无刻不在进行中，随着人流数量的与日俱增，栈道系统的设备设施都存在一定的消纳极限，在设计中应慎重地考量，并对人流公共通道的各个环节点加以分析注意。其次便是栈道周遭的生态元素的生息活动，比如，植被景观的生长预期，动物活动的年周律等都会影响栈道后期的实际使用，因此，在设计和建造的过程中必须着重考量。

（4）材料的营造。景观栈道能够成型除了设计以外，施工材料的重要性不言而喻，古代栈道多由工匠在原始山体岩石（玄武岩、花岗岩）上凿孔，采用条石梁、木梁与木板结合构筑，从古代书籍记载中可以经常看到古代战争火焚栈道千里，而后次年修复继续通行等内容，从这点可以了解到古代木栈道便于施工但易于损毁，大概因木质材料无防腐、防火处理，易因自然人为原因损坏。

现代景观栈道因时代的发展，材料的可选范围较为宽泛，较常见的有防腐木栈道、钢梁混凝土栈道、混凝土栈道、玻璃钢梁栈道4种样式。根据所在环境的不同选用不同属性和抗性的材料组合是现代景观栈道的要求之一，单一形制的材料不能满足多种环境杂合的户外自然空间，只有依据环境不同选用不同的材料组合，才可以最大限度地营造景观栈道空间的游览属性和生态保护属性，且多种材料的组合也是应对环境侵蚀的有利方式，只有控制住环境的诱因，才可以延长、拓展和丰富景观栈道。

景观栈道作为一种存在于自然空间的多变、优质、层次丰富的创造性人文景观线性带状空间，是对大地景观的一种补充和升华，它不仅是一个景观构筑物，而且更应该成为一个人文景致，与大地景观相融合，在突破自然空间束缚的同时成为自然空间内一个独特的新价值空间。

3) 海岸植被恢复

(1) 技术路线

从海岸石质山体植被退化演化过程入手，针对海岸石质山体的风速、风向等自然气候条件，以及水分和养分条件，分析海岸石质的成因，筛选先锋树种与整地方式，并进行不同造林密度、不同混交模式的配置，根据原生植被和土壤种子库的调查，采用乔、灌、草结合的方式，在先锋植被恢复的基础上，逐步引入乡土植被，实现生态系统的良性循环，从而形成适宜的海岸石质山体植被恢复综合技术体系（图4-3）。

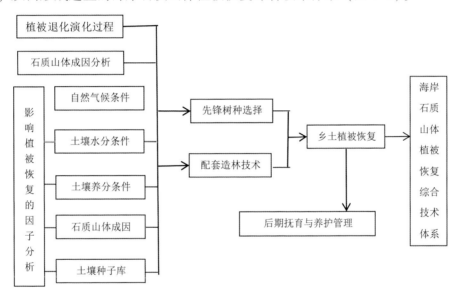

图4-3　海岸石质山体植被恢复的技术路线

(2) 恢复和保护措施

① 人工造林途径

沿海石质山体受特殊的气候条件和岩质海岸特有的地形及土壤条件的影响，立地条件差，常年风沙大，山体土层薄，坡度较陡峭，长时间裸露，森林植被稀少，蒸发散强，土壤蓄水能力极差，漏水、漏肥，水土流失严重，水源涵养能力差。因此，造林树种选择在植被恢复过程中起到至关重要的作用。按照"增强植被抗逆性，提高绿化成活率，因地制宜、适地适树，加快成林速度和绿化景观效果"原则，采取"先绿化后美化、宜林则林、宜草则草、灌草先行"的策略，首先，考虑选择具有抗风、抗干旱、耐瘠薄、耐盐碱、生长迅速、根系发达、枯落物丰富等特点的植物；注重对土壤的改良效果，兼顾绿化美化。其次，是先锋树种与乡土树种相结合，为加快植被恢复进度，选择速生的先锋植物，为后续生长的植物创造条件；合理搭配乡土植物，适当选用已驯化的或经相似区域试验切实可用的品种。

② 播种造林

播种法可以减少因整地可能造成的水土流失，节省人力、物力、财力，同时提高植物抗逆性，缩短适应环境的时间，从而提高困难条件下造林的成活率。直播前进行土地整理，翻动土壤，深度为 0.2~0.3 m，播种后覆土遮盖种子并浇水湿润，覆土厚度为 0.5~1 cm。播种方式可采用块播、穴播、条播等。

播种的树种选择应以乡土树种为主，对引进树种必须经过引种试验成功并通过鉴定后，才能大面积播种，即使同一树种，也应注意树种分布的适生区，外调种子应执行国家标准所规定的用种调拨范围调集。并对种子品质进行检验，达不到标准的种子不能使用。同时，还要进行药剂拌种，使用鸟鼠驱避剂。在播种中，注意播区和播期的选择。种子应采用种衣剂拌种或者与客土、保水剂、肥料等混合均匀。播期的选择应在雨季，理想的播期应选择在播前阴雨天、播后雨连绵，播种后种子发芽早、根生长快、出苗面积大，保证播种有效面积，达到预期效果。

③ 封育途径

封山育林是对宜林地、无立木林地、疏林地封禁并辅以人工促进手段，使其形成森林或灌草植被的一项技术措施。对低效林地、灌木林地实施封禁，采取定向培育的育林措施，即通过保留目的树种幼苗、幼树，适当补植改造，并充分利用生态系统的自我修复能力是提高林分质量的一项技术措施。在现有的海岸石质山体面积中，采取划定区域、工程围栏、设立标牌、工程封禁等技术措施，并采取"以封为主，封造结合"和"封造并举"的方法进行封山育林，确保植被恢复，形成良好的植被结构类型。

4.4　淤泥质岸线生态修复技术方案

4.4.1　淤泥质岸线生态修复考核内容

浙江省自然资源和规划局发布的《浙江省海岸线整治修复评价导则（试行）》，明确了淤泥质岸线生态修复的考核内容，为修复效果的评估提供了依据。淤泥质岸线生态化考核指标包括以下几个方面。①地貌完整性。海岸地貌结构组成是否完整；潮间带宽度如何，即大陆岸线潮间带平均宽度多少（>300 m，100~300 m，50~100 m）。②陆域生态化程度。护岸结构是否生态化；岸线向陆侧空间利用是否生态化；海堤或护岸管理范围内植被覆盖率如何。③海滩生态健康性。整治修复区域潮间带海水水质、沉积物质量较修复前如何；高潮滩植被覆盖率如何；植被群落结构是否良好，是否有观赏性；潮间带生物量和资源密度如何。

4.4.2　淤泥质岸线修复主要技术

目前，国内对于淤泥质岸线修复研究都较为概括、笼统，针对浙江省的淤泥质岸线修复研究主要有辜伟芳等（2019），指出淤泥质海岸线整治修复，指通过退养（塘）还滩、促淤涨滩及种植护滩等以自然恢复为主、人工干预为辅的整治修复后，形成的具有淤泥质岸滩剖面形态特征和生态功能的海岸线。上述岸线淤涨宽度在数十米至数百米间，形成了大面积潮滩湿地，完全具备或部分具备淤泥质岸滩剖面形态的岸线。

4.4.2.1 退养（塘）还滩

退养（塘）还滩是指清除滩涂养殖和岸滩上的围塘养殖，以机械清理为主，动用挖土机、运输车辆等即可达到拆除的目的。拆除中应注意对拆除物、废弃土进行妥善处置。另外，由于养殖在很多地方是渔民最重要的生活来源，故做好养殖户的转产转业，安置补偿工作尤为重要。

4.4.2.2 促淤涨滩及自然恢复

通过建设生态浅堤，人工干预重塑完整的潮滩地貌结构。人工干预的目的是加快或者促进潮滩的自然淤涨并进行自然生态恢复。通常采用的方法分为两个步骤：① 利用生态草包袋等符合生态化要求的材料进行护滩，以确保潮滩的稳定性；② 通过在潮滩上人为塑造生态潮沟，促进潮间带底栖生物的进入和生长，以丰富潮滩生物多样性。人为潮沟塑造后也会在自然环境中逐渐消失或迁移、摆动，属于自然现象，整治修复后期无须过多人为干涉。

4.4.2.3 种植护滩

1）互花米草清理

互花米草（*Spartina alterniflora* Loisel）是禾本科、米草属多年生草本植物，地下部由短而细的须根和根状茎组成。根系发达，根深可达 100 cm。互花米草对气候、环境的适应性和耐受能力很强，从亚热带到温带均有广泛分布，对基质条件也无特殊要求，在黏土、壤土和粉砂土中都能生长，并以河口地区的淤泥质海滩上生长最好。同时，互花米草是一种典型的盐生植物，从淡水到海水具有广适盐性，适盐范围是 0~3%，对盐胁迫具有高抗性。其高度发达的通气组织可为地下部分输送氧气以缓解水淹所导致的缺氧，而且这种作用存在群体效应，每天二潮及每潮浸淹时间 6 h 以内的条件下仍能正常生长。

互花米草是目前浙江沿海滩涂最主要的入侵植物，对经济和生态造成诸多负面影响。目前治理互花米草可选的方法有物理防治、化学防治、生物防治、生物替代、综合防治 5 类。① 物理防治：包括人工拔除、覆盖抑制、刈割控制、火烧清除、围堤水淹，短时间内较为有效；② 化学防治：采用合适的除草剂进行防除；③ 生物防治：利用昆虫、真菌与病原生物等天敌来抑制互花米草的生长和繁殖；④ 生物替代：根据植物群落演替的自身规律，利用有生态和经济价值的植物取代外来入侵植物，恢复和重建合理的生态系统结构和功能，形成良性演替的生态群落的一种生态学防治技术；⑤ 综合防治：将机械、人工、化学、生物、替代等单项技术有机结合，取长补短，互相协调，达到综合控制互花米草的目的。

目前，宁波周边海域，尤其是象山港海域开展物理防治较为普遍，一般可以利用海上大型绞吸挖泥船等大型机械设备，在控制开挖深度的情况下，把互花米草连根带泥一并开挖后，通过管线把泥草混合物排放在沿岸滩涂，将滩涂淤泥填垫。生态上，可大面积降低滩涂高程，增加港区的纳潮量、涨落潮时的流速和流量，改善水动力条件。该方案可以一次性将互花米草从根系到茎叶彻底清除，复发可能性很低；新滩涂区生态系统的生物多样性、滩涂养殖功能和生态服务功能等都将得到有效恢复。

2）选配和种植适宜的潮滩植物

浙江省潮滩上存有 7 个植被型，47 个群系，以互花米草群落、芦苇群落、海三棱藨草群落为优势植被类型，其他常见群落有碱蓬群落、盐地鼠尾栗群落、结缕草群落、碱菀群落、糙叶苔草群落、木麻黄林等。其中，互花米草群落、盐地鼠尾栗群落、海三棱藨草群落一般分布在中高潮滩上，属于先锋植物群落，碱蓬群落、碱菀群落等一般分布在潮上带及以上，海滨木槿林、苦槛蓝林、秋茄林等属于稀有植物群落，主要存在于浙南地区。

目前，浙江沿岸互花米草较为丰富，互花米草极强的生命力和扩张力，致使区域本土植被的逐渐消亡，重构潮滩生态系统的首要任务是消除互花米草，选择适宜本土条件的植物种植。潮滩植物生长的主要影响因素是气候条件、土壤条件、盐度、淹水深度和淹水时间等。物群落碱蓬群落、碱菀群落等一般分布在潮上带及以上，海滨木槿林、苦槛蓝林、秋茄林等属于稀有植物群落，主要存在于浙南地区。

4.5 湿地生态修复技术方案

4.5.1 湿地生态修复考核内容

湿地在涵养水源、净化水质、蓄洪抗旱、调节气候和维护生物多样性等方面发挥着重要功能，是重要的自然生态系统，也是自然生态空间的重要组成部分。湿地保护是生态文明建设的重要内容，事关国家生态安全，事关经济社会可持续发展，事关中华民族子孙后代的生存福祉。为加快建立系统完整的湿地保护修复制度，根据中共中央、国务院印发的《关于加快推进生态文明建设的意见》和《生态文明体制改革总体方案》要求，国务院办公厅印发了《湿地保护修复制度方案》，提出湿地保护修复的要求。"（十五）实施湿地保护修复工程。国务院林业主管部门和省级林业主管部门分别会同同级相关部门编制湿地保护修复工程规划。坚持自然恢复为主、与人工修复相结合的方式，对集中连片、破碎化严重、功能退化的自然湿地进行修复和综合整治，优先修复生态功能严重退化的国家和地方重要湿地。通过污染清理、土地整治、地形地貌修复、自然湿地岸线维护、河湖水系连通、植被恢复、野生动物栖息地恢复、拆除围网、生态移民和湿地有害生物防治等手段，逐步恢复湿地生态功能，增强湿地碳汇功能，维持湿地生态系统健康（国家林业局牵头，国家发展改革委、财政部、国土资源部、环境保护部、水利部、农业部、国家海洋局等参与）"。

自然资源部、国家发展改革委于 2018 年 12 月发布的《围填海项目生态保护修复方案编制技术指南（试行）》明确了湿地生态修复考核内容和修复方式：涉及滨海湿地恢复的，应重点关注生态系统完整与健康，采取水系恢复、植被保育、退养还滩、退耕还湿、异地修复、外来物种防治等措施，尽可能恢复受损滨海湿地的结构与功能。需开展异地修复的，应明确选址方案、修复规模和修复对象等。

4.5.2 湿地生态修复主要技术

4.5.2.1 湿地生态修复模式

通常，生态系统的修复遵循两个途径：① 当生态系统受损不超过负荷且是可逆的情况下，压力和干扰消除后，恢复可以在自然过程中发生；② 当生态系统受损超负荷且发生不可逆变化时，仅依靠自然难以或不可能使系统恢复至初始状态，需要借助人为干扰措施，才能使其发生逆转。因此，根据生态系统的退化程度及生态系统恢复的途径，生态修复可划分为自然恢复、人工促进生态修复和生态重建 3 种模式。

自然恢复为，在生态系统受损未超过负荷、轻度退化的情况下，当退化因素消除后，退化生态系统可以在自然过程中逐渐得到恢复。自然恢复是最简单的生态修复模式，即去除、减缓、控制或者更改某种关键或特定的干扰，使生态系统沿着自身正常的生态过程或演替方向发展而逐渐恢复。生态系统的自然恢复需取决于生态系统自身的特性，如可恢复力、适应性及弹性等。

人工促进生态修复为，当生态系统受损超过负荷并发生不可逆，局部或部分生态结构和功能出现退化，即便生态系统退化因素消除，也无法实现自然恢复，在这种情况下，生态系统受到较严重的干扰，但生态系统的生境、生物群落结构、生态功能等未遭到完全的毁灭性破坏，可以依靠生态系统的自我恢复能力，借助生物、物理、化学等一定的人工干扰措施，使生态系统退化发生逆转。

生态重建为，生态系统受损程度超过负荷，生态结构和功能完全退化或破坏，需采取人为干扰的措施重建新生态系统的过程，包括重建某区域历史上曾没有的生态系统的过程。恢复生态学尽管强调对受损生态系统进行修复，但更强调尊重自然规律，注重自然生态系统的保护。因此，只有在自然恢复不能实现的条件下，才考虑人工辅助的生态修复措施。

4.5.2.2 湿地生态修复措施

生态修复的技术措施是在确定生态修复模式的基础上，因地制宜地提出更具体、更具操作性的生态修复技术方案。拟修复生态系统所处的区域自然和社会环境、受到的干

扰类型、持续时间和强度、生态退化的关键因子和限制条件等多方面的差异，不同生态修复项目所采取的措施也不尽相同。从生态系统的组成成分角度看，滨海湿地生态修复主要包括非生物系统和生物系统的恢复。从滨海湿地生态修复的对象来看，目前主要集中在红树林、盐沼湿地、海草床和珊瑚礁等典型滨海湿地生态系统，以下将分别给予阐述。基于本书研究立足于浙江省宁波市的滨海湿地生态系统现状，选择盐沼湿地修复技术阐述。

国际上，许多国家都经历过滨海盐沼湿地的开发、利用、开垦、破坏直至部分恢复阶段，盐沼湿地生态修复的研究与实践已有很长的历史，已有不少大尺度的区域盐沼生态修复项目，如美国的特拉华湾海岸、旧金山湾、切萨皮克湾等。盐沼湿地修复措施重点关注了盐沼湿地水文和沉积环境的修复、盐沼湿地植被恢复。与国际相比，我国盐沼湿地生态修复的研究尚处于起步阶段，研究主要集中于盐沼湿地生态系统恢复与重建、湿地污染生物修复技术、湿地入侵物种（尤其是互花米草）的去除和防控技术等。其中，滨海湿地生态修复的选址是决定生态修复成败的关键因素，尤其对于滨海湿地水文条件和植被的恢复来说更为重要。

1）减少污染源，加强监管与教育

首先，居民的生活污水必须纳入城市下水道系统，进入污水处理厂处理，而不能直接排放；其次要加强监管和教育，严禁在湿地周围堆放生活或建筑垃圾，以免垃圾漂浮物经风吹落到水体或者渗透液直接流入；设置专人定期对水体漂浮物、垃圾进行清除和打捞，以免对水体造成不同程度的污染；禁止私自在海滩设立养殖场，控制饲料、农药化肥的大量使用。

2）生态驳岸的设计

湿地修复的成败很大程度上离不开驳岸的设计与塑造，一个协调的驳岸形态可以使原有湿地更加自然地发挥作用。驳岸的设计应因地制宜，以防洪为目的，初步设计出以下两种不同的驳岸类型。

（1）自然原型驳岸：对于防洪要求不是特别高的湿地类型，可保持湿地原生状态，种植水生、湿生类树种，配合天然石块、木材，达到生态修复的目的。

（2）人工台阶式自然驳岸：在自然护堤的基础上，用混凝土等材料确保抗洪能力，每层台阶具有一定的缓度，上方可种植水生植物。与传统硬质驳岸不同的是，台阶式的分层处理不仅兼顾了防洪的要求，又能解决非汛期景观单一、破坏生态的诟病。

3）水生生态浮岛技术的应用

采用浮床栽培植物，建立多功能水生生态浮岛，推广到湿地水面的生态绿化与水质净化。综合利用植物根系的水质修复功能、水质净化功能来修复富营养化水体，克服了采用单一的水生植物修复富营养化水体的诸多不足。同时在浮床下悬挂高效人工介质，利用在其表面形成的黏液状的生物膜对富营养化水体进行净化。该技术克服了硬质驳岸中景观单一的缺陷，可因地制宜，设备安装可结合园林景观，不占用土地面积，且后期维护运行成本低廉，管理简单方便。

4）构建以湿生类木本植物为主体的水生植物群落

根据水位的变动情况，进行植物分区。在湿地常水位线以下种植水生植物，其主要功能是净化水质和为水生动物提供食物和栖息场所。根据沉水植物、浮水植物、挺水植物生态习性混合种植或块状种植，控制高秆、蔓延快的植物（如芦苇等）种植。在常水位至洪水位的区域以种植湿生植物为主，其他地区以种植中生但能短时间耐水淹植物为主。植物配置应群落化，物种间生态位互补，上下有层次，左右相连接。种植多年生草本、灌木和乔木乡土树种（如水杉、垂柳、落羽杉、枫杨等）。洪水位线以上常绿树种应占50%～60%，以增加湿地观赏性。

4.5.2.3　滨海湿地生态修复监测

滨海湿地生态修复监测分为监测计划制订、监测计划实施和数据与成果公开共享3个阶段。滨海湿地生态修复监测对生态修复成功与否起着至关重要的作用，但往往在生态修复实践中被忽略。生态修复监测计划的制定是整个生态修复监测实施的基础，监测计划制定的过程包括以下步骤和内容：分析生态修复项目的目标，包括总体目标和阶段具体目标；收集类似生态修复项目的监测信息；分析和描述项目区的生境类型；识别这些生境类型的结构和功能特征；收集历史数据；确定参照点；选取参数；确定监测点；确定监测时间及频率；确定监测方法。

第5章　宁波市海洋生态修复实践

5.1　象山县石浦港鹤浦海岸带整治修复

5.1.1　地理位置

5.1.1.1　石浦港

石浦港位于象山县东南部沿海，呈东北—西南走向，为"月牙"状封闭型港湾。石浦港南面有南田、高塘、花岙、东门、对面山、檀头山等诸岛为屏，主干中心线 18 km，水深 4~33 m，水域面积 2 700 hm²，港内风平浪静，水域开阔，终年不冻，可泊万艘渔轮，是东南沿海著名的避风良港，是全国六大渔港之一。石浦港外有猫头洋水道，猫头洋水道宽敞，是浙中沿海重要航道。进出石浦港的水道有铜瓦门、东门、下湾门、蜊门和三门，其中下湾门是石浦港的主要进港航道，可通航 5 000 吨级船舶，下湾门口门整治后，可乘潮通行万吨级船舶。港内现有大小泊位 100 余个，最大靠泊能力 3 000 t。

石浦港的开发以渔港为依托，向外海拓展，建成外向型渔工贸基地，带动区内沿岸渔业、加工贸易、海洋工程、海盐、粮棉等基地的建设，成为宁波市南部的一个综合性、多功能、与北仑港相配套的中型港口，也是浙江省对台贸易的后方基地，兼渔港、商港之利，是宁波舟山港的重要组成部分，国家一类开放口岸。

5.1.1.2　鹤浦镇

鹤浦镇位于象山县南端南田岛上，北濒石浦港与石浦镇相望，西隔蜊门港与高塘岛相对，东南依临猫头洋，西南紧靠南田湾。由南田岛及周围 40 个岛礁组成，陆域面积 102 km²，下辖 34 个行政村，4 个居委会，常住人口 3.5 万人。海岛资源丰富，拥有海岸线 78.31 km，浅海 1.3×10⁴ hm²，滩涂 1 333 hm²。

近年来，鹤浦镇积极实施"工业强镇、海洋兴镇、生态惠镇、商旅促镇"战略，全力推进"临港产业区、滨海新城区、旅游休闲区、农村新社区"建设，经济社会发展迅速。鹤浦镇濒临石浦港，具备发展临港工业的良好条件。全镇现有船舶修造企业 13 家，其中大型企业 3 家，能制造 5 万吨级以下各类散货轮、集装箱船、成口油轮和化学品船。2007 年，船舶企业实现产值 10.5 亿元。振宇、东红、博大等船厂全部通过了中国 CCS 认证及德国、法国、韩国船级社相关认证。

鹤浦镇是宁波市第二大渔镇，有大马力钢质渔轮 600 余艘。全镇拥有 $1.3×10^4$ hm² 浅海，1 333 hm² 滩涂，盛产紫菜、梭子蟹、文蛤、对虾、蛏子等，被誉为"浙江省紫菜之乡"。梭子蟹养殖年产值超过 8 000 万元。脱脂大黄鱼、南田泥螺、鹤浦带丝等海水加工产品，深受消费者青睐，脱脂大黄鱼被评为浙江省优质农产品。

5.1.1.3　拟修复岸线位置

本次修复岸线位于石浦港南岸鹤浦镇沿岸，东起盘基塘，西至鹤浦船舶基地（博大船厂），总长度 5 288 m。

5.1.2　原海岸状况

5.1.2.1　海岸开发状况

修复岸段沿岸均为人工海塘，外侧主要用海活动有船厂、码头用海（图 5-1 和图 5-2）。

图 5-1　鹤浦镇沿岸岸线附近开发利用情况（修复前）

1）人工海塘现状

鹤浦镇沿岸海塘大都建设于 20 世纪 80 年代。由于浙江沿海多台风天气，海塘大部分老化，已经过多次维修加固。本次修复工程前，沿岸海塘大部分完好，能够满足防洪排涝需要。但靠近石浦港口端的盘基塘，由于年代久远，且处于石浦港口敏感位置，更易受港口大风浪和台风浪侵袭，坝体已局部倒塌，水闸损毁，威胁沿岸人民的生命财产安全。

图 5-2　鹤浦镇沿岸岸线原貌

　　鹤浦镇沿石浦港海岸分布有大大小小的码头数十座，码头的功能几乎都离不开渔业和客运。渔业码头有鹤浦一级渔港的 5 个码头，恒达渔业码头、第五海洋渔业公司渔业码头、申鹤制冰码头、鹤轩水产码头、中石化渔船加油码头等，主要为渔船提供冲冰加油服务。另有博大、东红等造船厂码头，风帆、浦东等修船码头。盘基海塘外侧有石浦—鹤浦轮渡客运码头一座，承担石浦—鹤浦主要的客运船只。石浦中心区外侧有一座小型客运码头，承担部分石浦至附近小岛的航运功能。

　　2）船厂

　　鹤浦沿岸布设有大大小小的造船厂、修船厂近 10 个，其中石浦港沿岸就有七八个。最西侧的鹤浦船舶基地有博大、东红、振宇和振鹤四家大型造船厂，船只吨位在 5 000 吨级以上。另外，在鹤浦镇中心城区沿岸，有风帆、浦东、永洁等修造船厂。

5.1.2.2　存在的问题

1）盘基海塘受损，防洪能力不足

鹤浦镇为海岛乡镇，位于宁波市象山县东南侧。夏季极易遭受东南方向台风侵袭。盘基海塘位于鹤浦镇石浦港口，其遭受台风的频次及由此引起的石浦港台风增水问题较一般岸段更为严重。盘基海塘年代久远，为简易的石砌海塘，并且已部分损毁。海塘水闸也为简易水闸，设计标准低，防洪排涝能力弱，抗险抗灾能力不足（图5-2）。

2）沿岸植被稀少，生态景观较差

石浦镇为渔业乡镇，石浦港是东南沿海著名的避风良港，为全国六大渔港之一。由于海塘久远，建设之初仅考虑防洪抗台需要，生态景观建设极为薄弱。随着我国渔业捕捞产业的发展，鹤浦镇沿岸相关修造船厂、冲冰加油、渔业加工产业纷纷呈现，几乎遍及整个鹤浦岸线。鹤浦海岸岸滩污染和破坏日趋严重，随处可见生活垃圾、渔业生产垃圾。海岸外侧滩涂杂乱，海岸内侧植被稀疏，土石裸露、无序堆积，岸线整体生态程度低、景观效果化差（图5-2）。

5.1.3　修复方案

5.1.3.1　平面布置

修复岸段工程平面布置如图5-3所示。

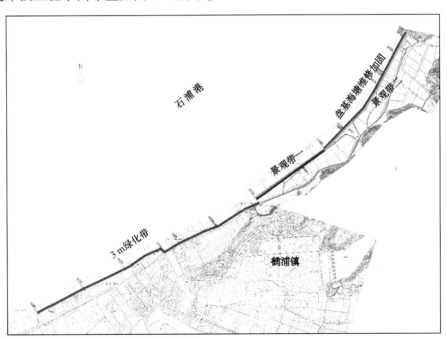

图 5-3　鹤浦镇沿岸修复岸段工程总体布置

1）盘基海塘维修加固工程

维修加固范围为鹤浦镇一级渔港东侧至石鹤汽渡，全长 1 585 m，新建水闸 2 座，拆建水闸 1 座、新建 20 m 宽堤顶道路 1 585 m。

2）绿化布置

岸线修复起点为鹤浦镇博大船业有限公司，沿海堤堤顶道路至石鹤汽渡为止，全长 5 288 m；从西往东依次为：①3 m 宽绿化带，从博大船业有限公司至鹤浦镇一级渔港西侧，长 2 768 m；②景观带一，位于鹤浦镇一级渔港沿岸，长 935 m，宽 8 m；③景观带二，位于盘基海塘内侧，长 1 585 m，宽 8 m。

3）天然真石漆美化

鹤浦镇一级渔港至石鹤汽渡海堤防浪墙进行天然真石漆美化，长度共 2 520 m，面积共 3 780 m^2。

5.1.3.2 修复内容

1）盘基海塘维修加固工程

本次维修加固海堤全长 1 585 m，新建水闸 2 座，拆建水闸 1 座。海堤堤顶高程为 5.30 m，防浪墙顶高程为 6.30 m。海堤工程等级为 Ⅳ 级，按 20 a 一遇（$P = 5\%$）允许越浪标准设计，相应设计高潮位 4.64 m。海堤维修加固工程的轴线走向基本按原海塘走向布置，由于潮汐电站报废及东延鹤浦一级渔港的需要，对部分海堤段进行了拉直。

海塘上共建设 3 个水闸，盘基东闸净宽 1 孔×2.5 m，盘基西闸与汪渡闸净宽 1 孔×2.0 m。

2）绿化景观工程

（1）标准 3 m 宽绿化带

即鹤浦镇博大船业有限公司东侧至一级渔港西侧绿化带 2 768 m。绿化方式："乔木+草皮"，草皮采用马尼拉，全铺设。种植树种为香樟 B 和红叶李，其中香樟 B 约 340 株，红叶李约 226 株（图 5-4）。

施工步骤：选苗→平衡疏松修剪→挖穴及土壤改良→挖掘包装→保护装运（夜间运输）→种植→支撑绑扎绕杆→浇水及遮阳覆盖→精心养护。

（2）景观带一

即鹤浦一级渔港沿岸景观绿化带 935 m，宽 8 m。景观建设包括景观亭和绿化。共建设景观亭 2 个。绿化 10 611 m^2。

绿化采用乔灌草结合方式，铺设马尼拉草皮共计 10 611 m^2。种植树种有：香樟 A、广玉兰 A、雪松、榉树 A、黄山栾树 A、银杏、金合欢、乐昌含笑 A、国槐、木麻黄、杨梅、红叶石楠、榉树、红枫、垂丝海棠、紫薇、金桂、碧桃等共计 64 种（图 5-5），充

图 5-4　3 m 绿化带种植植物

分考虑了不同季节的开花物种和灌木、乔木的搭配。另外布设多处小品种，体现渔业乡镇的特色。

图 5-5　景观带种植的开花植物

（3）景观带二

即鹤浦一级渔港东侧至石鹤汽渡景观绿化带 1 585 m，宽 8 m。景观带打造方式同景观带一，包括绿化植被和小品。

两个景观带苗木施工步骤：清理场地→苗木准备→种植→支撑绑扎绕杆→浇水及遮阳覆盖→精心养护（图 5-6）。

3）防浪墙真石漆工程

　　一级渔港至石鹤汽渡海堤防浪墙进行天然真石漆美化，长度共 2 520 m，面积共3 780 m²。

　　防浪墙施工工序：清理墙面→缺陷修补→喷涂封固底漆→按设计弹线→刷分隔线→贴胶带→天然真石漆（两次成活）→去胶带→真石漆罩面清漆。

图 5-6　绿化景观工程施工过程

5.1.4　修复成果

5.1.4.1　提高了海塘防护能力，人工岸线生态化程度提升

　　通过表 5-1 对比分析，本次对盘基海塘进行维修加固，加固和新建海塘长度共计 1 585 m，防潮标准为 20 a 一遇，并且共修建 3 个水闸，相比原先破损的海塘，大大提高了岸线防御能力，提高了内侧陆域排涝能力，有效保护后方鹤浦镇人民的生命财产安全。海堤应潮面面层采用四脚空心块与抛石结合的设计，形成孔隙结构，为潮间带生物提供了躲避和栖息的场所，充分体现了海堤的生态化。此外，在海堤内侧进行了 8 m 宽景观带的建设，采用了多达 65 种植被，不仅充分体现了生物多样性，采用乔灌草结合的方式，而且还考虑到植被四季均有开花品种，大大提高了沿岸景观。石浦港鹤浦沿岸为港口岸线，大部分岸段布满了码头，新建岸段为港口开发提供了新的良好岸段，可以提高岸线的综合利用效率（图 5-7）。

表 5-1　盘基塘提升加固工程能力提升岸线达标情况

考核内容	考核内容	达标情况
岸线防御能力	护岸修复程度	修复了破损海塘，新建部分海塘、修建 3 座水闸
	综合防灾能力	提高防台和排涝能力
海岸生态性	海堤或护岸是否采用生态化材料或生态化结构	采用了生态化材料和生态化结构
	海堤或护岸管理范围内植被覆盖是否良好	后方建设 8 m 宽绿化带
效果优良性	海岸淤积疏浚整治效果是否优良	纳入整个石浦港综合整治项目的疏浚工程中
	水动力条件是否得到改善	
岸线利用效率	整治修复后岸线的综合利用效率是否得到提升	是
总体评价	提高了海塘防护能力，人工岸线生态化程度提升	

图 5-7　鹤浦沿岸修复后岸线（一）

5.1.4.2　提升海岸景观，改善海岸生态和人居环境

　　鹤浦沿岸为港口开发岸线，港口活动十分活跃，外侧岸段无法进行绿化美化。通过表 5-2 对比分析，本次绿化集中在岸线内侧，共建设沿岸景观绿化带 5 288 m。绿化措施

采用植被和小品结合打造，既做到了绿化、美化和生态化，同时体现了当地渔业乡镇的特色（图5-8）。

表5-2　鹤浦沿岸绿化景观工程景观提升岸段效果分析

考核内容	考核内容	达标情况
环境优良性	规模与效果	绿化海岸线5 288 m
	海堤或护岸管理范围内植被覆盖率	提高了岸线内侧植被覆盖
	海岸生物水平	无明显改变
海洋特色展现	海洋景观价值和地方海洋文化是否得到显著挖掘和展现	是
	海岸景观建设后人文景观主题是否有所彰显	是
配套设施	配套设施建设数量和规模	外侧为港口岸线，无法建设亲水设施
	环保设施建设	紧挨鹤浦镇居民区，具备环保设施
总体评价		提升了海岸景观，改善海岸生态和人居环境

图5-8　鹤浦沿岸修复后岸线（二）

5.2　象山县黄避岙乡岸线整治修复

5.2.1　地理位置

5.2.1.1　西沪港

西沪港是象山半岛滩涂面积最大的内港，口小腹大，形成一个封闭形港湾。象山港呈东西走向，而西沪港侧是南北走向，入口被山峦遮挡，港口狭窄，最狭处仅 1 km。由于这特定的地理位置，无论是春、夏季的台风，还是秋、冬季的朔风，都不会对船只带来太多的影响，是船舶避风的天然良港。港内风平浪静，水流缓慢，水质清澈，藻类多，遍布广，非常适合水生物的生长和繁殖。鱼、藻类养殖"产学研销"体系成熟，旭文海藻浒苔人工养殖具备规模化养殖能力，象山港湾苗种有限公司成为全市最大鱼类亲本繁育基地。高泥村网箱养殖规模就达 2 500 只标准化网箱，年产值 2 000 余万元，是浙江省最大的网箱养殖基地。"西沪三宝"——海带、紫菜和浒苔养殖面积超 367 hm²，贝类养殖面积超 313 hm²。

5.2.1.2　黄避岙乡

黄避岙乡南依西沪港，与墙头、西周毗邻，北靠象山港与奉化、鄞州隔港相望，东邻贤庠镇、大徐镇，象山港大桥穿乡而过。全乡陆域面积 43.5 km²，海岸长 28.6 km，辖16 个行政村，人口 10 738 人（2017 年），政府驻地龙屿村。先后获浙江省鲈鱼、黄鱼之乡，省级生态示范乡镇等荣誉。

5.2.1.3　拟修复岸段

拟修复岸线位于黄避岙乡塔头旺村沿岸，西沪港底部北侧（图 5-9）。

图 5-9　黄避岙乡沿岸修复范围

5.2.2 原海岸状况

5.2.2.1 海岸开发状况

2018 年宁波市海洋与渔业研究院出具的《象山县大陆岸线调查报告》中，该修复岸线总长 1 394 m，修复岸线面积 3 hm²。岸线原为人工岸线，其二级分类为道路和其他（表 5-3）。

表 5-3 象山县 2018 年整治修复岸线类型

修复岸段	岸线类型	岸线长度/m	岸线位置
塔头旺村东段沿海	道路	348	东起 29°32′50.22″N，121°49′32.86″E 西至 29°32′49.63″N，121°49′20.55″E
塔头旺村西段沿海	其他	1 046	东起 29°32′49.63″N，121°49′20.55″E 西至 29°32′53.17″N，121°48′43.83″E

岸线附近以废土堆和砂石块为主，砂石裸露无植被，局部有垃圾和渔网堆积于岸边。岸线内为塔头旺村水泥道路，宽约 6.5 m，双向共 2 车道，道路可通往象山县、宁波市区。道路内侧为塔头旺村居民住房。修复区外侧为浅海滩涂区，以淤泥质滩涂为主，往外有浅海紫菜养殖。

5.2.2.2 存在的问题

1）岸滩裸露，水土流失，对陆地和海洋环境造成污染

塔头旺村沿岸长期以来沙土遍布、岸滩裸露（图 5-10）。象山县属于亚热带季风气候，降水充沛，尤其是夏季，暴雨时有发生，缺少了植被对土壤的保持稳定作用，裸露的沿岸地表受雨水冲刷，泥沙顺势而下，进入海域，使海水中悬浮泥沙含量增高，海水浑浊，对海洋水环境造成了污染。裸露的地表受大风天气影响时，细微颗粒物（TSP）被卷入大气，形成扬尘，严重破坏海岸带附近居住环境。扬尘进入海域，也会引起海水悬浮泥沙含量增高，海水浑浊，水质受到影响。

2）砂石堆积，垃圾散布，影响沿岸景观和生态

西沪港内风平浪静，水质清澈，岸滩平缓，涂面发育，具有发展海洋旅游业的良好条件。但沿岸土石裸露，严重影响了海岸带的景观，影响了当地海洋经济的发展和海洋产业的结构升级。岸线后方不远处有村庄，裸露的高滩也不利于村庄的美化绿化，与美丽乡村建设背道而驰。同时，由于滩涂裸露，植被缺失，使该处海洋生物种类和数量受到了一定的影响，不利于形成多样性的海洋生态环境（图 5-10）。

图 5-10　塔头旺村沿岸岸线原貌

5.2.3　修复方案

该岸段整治修复工程共包括场地清理平整、护坡加固、自行车道建设、休闲公园、绿化工程和红树林种植试验区 6 项工程。

（1）场地清理平整工程：实施前，沿岸大部分区域为工业废弃土石方，上有生活垃圾、渔业垃圾和海漂垃圾。工程实施首先对原有场地上的杂物垃圾等进行清理，后采用推土机进行场地平整至约 3 m，并用压路机压实。共清理生活垃圾 5 000 m³，整理平整土方约 5×10^4 m³，调入填筑土石方约 2×10^4 m³。

（2）护坡加固工程：在平整区外侧用块石垒砌护坡约 1.2 km。块石具有良好的透水结构，适合潮间带生物生存和躲避（图 5-11）。

（3）自行车道建设工程：建设 2.5 m 宽自行车道（人行步道），长约 1.1 km（图 5-11）。

图 5-11　自行车道和护坡加固工程分布

（4）休闲公园工程：本次休闲公园依原有地形，分为两个区块（图5-12）。

图5-12　休闲公园分布

① 公园东区：公园东区总面积1.3 hm²。建设由护坡、自行车道、景观绿地和园地（图5-13）。沿岸护坡以块石堆砌为主，护坡宽度约20 m，长度约350 m。块石护坡具有良好的空隙，可以为海洋生物提供躲避空间。护坡内侧为自行车道，与其他段自行车道衔接。自行车道内侧分布景观绿地，面积约为5 500 m²，中间建设管理用房、公共厕所，并建设休息廊道、漫步小径、沙地儿童游乐设施区、假山喷泉等工程。景观绿地西侧留有面积900 m²的园地，为农作物种植园。

图5-13　休闲公园东区布局

② 公园西区：公园西区总面积1.6 hm²。东段沿岸（外侧近直立护坡）建设干沙乐园1 500 m²，干沙乐园上方配套3个景观亭和其他少量儿童游玩设施。西段沿岸建设护坡5 000 m²。干沙乐园后方有步行观景平台，为多级台阶式，观景平台长200 m。观景平台后方为自行车道，自行车道在公园西区中心节点处布置一个小圆形节点平台，供游人站立远眺。自行车道后方为景观绿地，面积约4 000 m²。景观绿地内设两条步行小径，若干文明旅游宣传碑及照明路灯。两块绿地之间有逐级而下的台阶，连接村庄公路和公园（图5-14）。

图 5-14 休闲公园西区布局

（5）绿化工程：自行车道两侧均进行相应的绿化，两侧绿化宽度 2~5 m 不等，铺设草皮，结合灌木和棕榈树进行。沿岸护坡区域绿化以自然恢复为主。

（6）红树林种植试验区工程：在修复岸段开展红树林种植试验区，试种红树林苗约 20 万株。红树林属于南方物种，首次在象山港落户试种，试种成功后将在象山乃至整个浙江沿岸滩涂推广。

5.2.4 修复成果

西沪港是象山港的支港，且腹大口小，名副其实的港中之港、湾中之湾，属于天然避风港。黄避岙乡对西沪港沿岸脏乱差的岸线进行整治修复，立足于环境整治、生态修复和景观提升等多个制约海岸线保护的关键问题，遵循生态设计原则，开展废弃物收集及垃圾减量化工程、海堤加固及景观提升工程、植被再造、生态补充等多元优化配置模式，统筹兼顾，综合建设。通过海岸垃圾清理，净化了海岸环境。通过岸坡植被种植，可以使裸露的岸坡得到有效覆盖，水土得到有效保持，减少悬浮泥沙入海，改善海岸水质。通过绿化修复、景观打造、休闲公园的建设，提升了海岸景观，增加了亲海设施，改善了海岸生态，最终达到生态环境良好、岸线风貌优美、人民财产安全得到保障的目标。为美丽宁波建设提供应用示范，对全国海岸线生态修复和保护的先行先试和辐射带动作用得到充分发挥（表 5-4）。

表 5-4 黄避岙岸线修复效果分析

考核内容	考核内容	修复效果
环境优良性	规模与效果	绿化美化海岸线 1 394 m
	海堤或护岸管理范围内植被覆盖率	增加绿化面积 1 hm² 以上，提高了岸线内侧植被覆盖
	海岸生物水平	有利于海岸生物多样化水平提高
海洋特色展现	海洋景观价值和地方海洋文化是否得到显著挖掘和展现	是
	海岸景观建设后人文景观主题是否有所彰显	是

续表

考核内容	考核内容	修复效果
配套设施	配套设施建设数量和规模	建设了大量配套设施，如儿童游乐场、景观亭、景观廊道等
	环保设施建设	建成了公共厕所一座
总体评价	大大提升了海岸景观，改善了海岸生态和人居环境	

　　黄避岙乡海岸的景观化整治修复，使得塔头旺、鸭屿沿岸一改过去黄泥满岸滩、垃圾遍地散的局面，转而形成了面朝大海，春暖花开的绿色海岸、生态海岸、休闲海岸和景观海岸，与后方美丽村庄、山地良田交相辉映，共同形成美丽渔村、斑斓海岸的诗意画卷（图5-15和图5-16）。

图5-15　黄避岙乡沿岸修复后岸线航拍

图 5-16　黄避岙乡沿岸修复后岸线

5.3　象山县爵溪街道下沙及大岙沙滩整治修复

5.3.1　地理位置

爵溪街道位于象山县东部沿海中段偏北，总面积为 31.8 km²。下辖 6 个村和 3 个社区，人口 3 万余人。

宁波市象山县爵溪街道下沙及大岙沙滩位于象山县爵溪街道东侧海岸，东侧为大目洋，西侧紧邻爵溪街道，南临松兰山度假区。整治修复工程所在位置为两个小海湾，分别为下沙湾和大岙湾。

5.3.2　原海岸状况

修复所在岸段分别为爵溪街道的下沙湾和大岙湾。下沙湾和大岙湾之间有山体相隔，山体上为正在建设的希尔顿酒店。下沙沙滩北侧为爵溪牛昌咀巨鹰东海岸度假酒店。大岙沙滩以南为自然山体，无开发活动。

两个沙滩的湾顶均建有标准海堤。据调查，20 世纪 70 年代后期，大量沙子被当作建筑材料运到上海造房子，由于长期过度挖沙，造成下沙沙滩和大岙沙滩出现沙荒。导致修复前，两个沙滩砂质粗糙、含泥量高、沙层极薄，靠海侧沙层已被掏空，露出石砾，岸滩不稳，不能允分发挥砂质岸线的生态功能，岸滩防护功能和休闲旅游功能（图 5-

113

17）。修复前的下沙整体沙滩高程为-1.08~4.73 m，大岙沙滩高程为-0.5~4.25 m。

图5-17 下沙及大岙沙滩原貌

5.3.3　修复方案

5.3.3.1　修复规模和目标

本次下沙和大岙的修复沙滩岸线总长度为 1 030 m，其中下沙为 540 m，大岙为 490 m。修复需考虑达到 3 个目标，沙滩修复后目标效果如图 5-18 所示。

图 5-18　下沙及大岙沙滩修复效果

1）岸滩的稳定性

岸滩的稳定是制约本工程实施的主要因素，在现有水文波浪条件下，几十年来下沙和大岙两个海湾的岸滩呈微淤状态，本次修复后，沙滩需保持良好的稳定性。

2）沙滩修复后的持续性

沙滩修复完成后，保持其形态的持续性，是本工程修复的一个关键点，这与下沙、大岙海湾的水文泥沙条件密切相关，在现有水文泥沙条件下，沙滩修复后其形态基本可以保持良好。

3）与周边环境的协调性

与周边环境的协调性是本工程的修复立足点，在修复范围、高程、形态上既要符合岸滩的自然属性，又要考虑到其美观、大方，与当地的周边环境相协调，给游客、散步者和休闲人群具有赏心悦目，心情舒畅的感觉。

5.3.3.2 修复内容

1）总平面布置

下沙海湾修复岸线长度 540 m，面积 9.15×10⁴ m²，其前沿线的岸线形态布置与其后侧岸线原有的形态基本一致，为内凹弧线布置，前沿线所在处涂面高程为 -1.0~（-1.2）m，坡脚线所在处涂面高程为 -1.0~（-1.3）m，西侧局部达到 -1.5 m。

大岙海湾修复岸线长度 490 m，面积 6.00×10⁴ m²，其前沿线的岸线形态布置也与其后侧岸线原有的形态基本保持一致，为内凹弧线布置，前沿线所在处涂面高程为 -0.2~（-0.5）m，坡脚线所在处涂面高程为 -0.7~（-0.9）m。

2）沙滩修复内容

（1）下沙沙滩

下沙沿岸原沙滩岸边自然高程平均为 4.2 m 左右，边坡比为 1:15 左右。拟修复沙滩岸边铺沙顶高程为 3.0 m，铺设干滩长度 90 m 左右，外肩高程 3.0 m，在外肩处以 1:15 的坡比坡至高程 -1.0 m 处（涂面高程），在 -1.0 m 处设顶面宽度为 8 m 的子堤。子堤内坡比 1:2，外坡比 1:4，基础为抛石挤淤，其上铺设厚 30 cm 砂卵石垫层，顶高程 -2.2 m，然后铺设一层 8 T/m 复合土工布，长度 50 m，伸入子堤长度不小于 3 m，其上为一层厚 50 cm 充沙袋，表层抛填厚 70 cm 粗海砂。土工布上压载卵石厚度 30 cm，上层抛沙厚度不低于 100 cm，土工布埋入原涂面 50 cm 以下。

下沙沙滩共计清理淤泥 40 533.31 m³，完成海砂铺填 271 773.21 m³。

（2）大岙沙滩

大岙沿岸原沙滩岸边自然高程平均在 5.2 m 左右，边坡比为 1:14 左右。拟修复沙滩岸边铺沙高程为 5.2 m，铺设干滩长度 80 m 左右，外肩高程 3.0 m，在外肩处以 1:18 的坡比坡至高程 -0.8 m 处（自然涂面），在涂面处设 5 m、宽 50 cm 厚的填沙护脚。

大岙沙滩完成海砂铺填 193 260.86 m³。

两个沙滩修复工程完成量统计情况如表 5-5 所示。

表 5-5　象山县爵溪街道下沙沙滩和大岙沙滩修复工程完成量统计

项目名称	工程量
沙滩修复面积/×10⁴ m²	15.15
修复岸线长度/m	1 030
滩面清淤方量/m³	40 533
铺沙工程数量/m³	465 034

3）铺沙结构断面

下沙铺设尺度为干滩直线段长度 90 m，内外肩高程均为 3.0 m。在外肩顶高程 3.0 m

处，以 1∶15 坡比坡至高程−1.0 m 的涂面处，底脚铺设 5 m 宽、150 cm 厚的抛沙护脚。

　　大岙铺设尺度为干滩直线段长度 80 m，内肩高程 5.2 m，外肩高程 3.0 m。在外肩顶高程 3.0 m 处，以 1∶15 坡比坡至涂面−0.8 m，底脚铺设 5 m 宽、50 cm 厚的填沙护脚。

　　沙滩修复断面和修复施工现场照片如图 5-19 和图 5-20 所示。

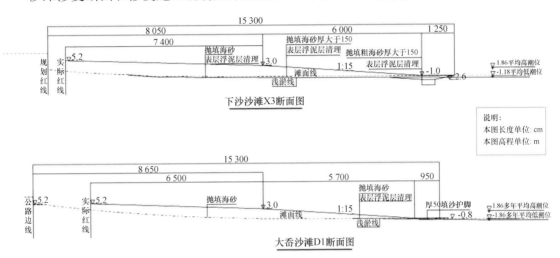

图 5-19　沙滩断面

图 5-20　施工照片

5.3.4　修复成果

5.3.4.1　修复受损海滩，重塑海滩系统完整性

由于 20 世纪 80 年代对该处砂质岸线的盲目开发，大多海砂被挖取作为建材运至上海。改变了近岸动力环境，造成了海滩系统动态平衡的破坏、海滩沉积体系的严重干扰，海滩质量逐年退化。本次修复通过增加海岸泥沙的收支再造海滩系统与过程，遵循自然规律且与自然过程相协调；另外，通过消散波能达到保护下沙湾和大岙湾沿岸海堤，且为毗邻海岸增加砂源，提供保护。

5.3.4.2　提高海滩景观价值和生态价值

随着下沙沙滩和大岙沙滩的泥化和石砾化，该处良好的沙滩景观价值和生态价值均遭受了破坏，并且海滩进一步被侵蚀。通过本次沙滩修复，不仅从地形地貌上重塑沙滩，也是从景观和生态上重塑沙滩系统，景观上恢复至原来与周边环境背景相协调的状态，而且在此基础上有所提升，沙滩养护还可为沙生植被、沙生动物栖息提供场所，逐步恢复沙丘植被和动物群落，改善潮间带生态环境。

5.3.4.3　增加海滩旅游空间，提升休闲娱乐价值

下沙沙滩和大岙沙滩位于滨海旅游带和中心城区旅游区的范围，距松兰山休闲度假区直线距离仅 2 km，地理位置十分优越，是象山打造沙滩旅游的重要组成部分，是象山县城景观不可或缺的一部分，有效丰富了当地人民的旅游休闲方式。20 世纪 80 年代受利益驱使盲目取沙，用杀鸡取卵的方式破坏了沙滩系统，使下沙沙滩和大岙沙滩严重侵蚀、海滩变窄、沉积物变粗。在海滩休闲娱乐需求日渐增强的今天，沙滩修复大大扩展了海滩休闲娱乐空间，改善海滩娱乐环境，结合以合理的海滩规划，其休闲娱乐价值大规模提升（表 5-6，图 5-21 和图 5-22）。

表 5-6　下沙沙滩和大岙沙滩修复效果分析

考核内容	考核内容	修复效果
地貌完整性程度	海岸地貌结构组成是否完整	是
	潮间带平均宽度是否足够	100 m 以上
	海滩品质如何	优良
岸滩稳定性程度	岸滩稳定时间是否可保持 2 年以上	是
	颗粒组成与水动力环境是否适应性好	是
	滩面是否存在冲刷或泥化现象	改善了滩面冲刷现象

续表

考核内容	考核内容	修复效果
护岸结构生态化程度	护岸结构是否斜坡或者透水	本次不涉及护岸建设
	护岸设计是否与环境协调	原护岸与环境协调
	沿岸娱乐休闲设施是否设置合理	是
海岸生态健康性	海滩是否平整、洁净，无污物、垃圾	是
	海滩沉积物质量是否满足一类标准	是
	海滩砂生植被覆盖程度如何	较好
总体评价	修复了受损海滩；提高了海滩景观价值和生态价值；增加了海滩旅游空间，提升了休闲娱乐价值	

图 5-21　下沙沙滩和大岙沙滩修复后现状

图 5-22　下沙（左）和大岙（右）沙滩修复后岸线

5.4　北仑万人沙滩修复工程

5.4.1　地理位置

象山港梅山湾位于象山港口、北仑区梅山岛与穿山半岛西南部之间的梅山水道南端。梅山水道南北向总长 11.5 km，水域面积 9.63 km²，相当于两个西湖，库容约 5 000×10⁴ m³。

北仑区隶属于浙江省宁波市，以其境内的深水港——北仑港而得名，其东部峙头洋面与普陀县交界；南部梅山港洋面与舟山市普陀区、鄞州区交界；西部自甬江至象山港洋面与鄞州区接壤，陆地边界线勘定全长 44 km；北部金塘洋面与定海区交接（大榭岛的行政区划界仍属北仑区）。北仑区东西长 52 km，南北宽 29 km，陆地面积 597.76 km²。北仑区有 11 个街道，有户籍人口 41 万，居住人口近 90 万。2017 年 12 月，北仑区当选中国工业百强县区；2018 年 11 月，入选 2018 年全国工业百强区；2019 年 11 月，北仑区被生态环境部评为第三批国家生态文明建设示范市县。

北仑万人沙滩工程位于梅山水道西侧，南堤北侧。

5.4.2　原海岸状况

因梅山湾的特殊地理条件，梅山水道海水常年浑浊，泥路和荒滩遍布，如遇台风，内涝灾害严重。近年来，海床加速淤积，区域生态环境面临严重挑战（图 5-23）。拟修复岸段南邻梅山水道海堤，后方为沿海中线道路，北侧为绿化带项目。原海岸靠陆侧为南北侧施工留下的乱石，靠海侧为淤泥质岸滩，拟修复区高程范围为 -1.1～（-6.3）m，平均高程约 -1.5 m。前沿海域海水泥沙含量高，超四类海水水质标准。整个岸线无植被覆盖，由乱石、涂泥、黄色海水组成了脏乱差的海岸线，岸滩坡度难以满足稳定要求，生态景观难以满足滨海城市的要求，休闲设施难以满足滨海旅游开发要求。

图 5-23　北仑万人沙滩岸线原貌

5.4.3 修复方案

5.4.3.1 修复目标

梅山湾打造成为距宁波中心城区最大的近海蓝色海湾，也是华东地区最大的人工沙滩。宁波人也能在家门口，享受碧海蓝天金沙。

在进行万人沙滩建设的基础上，通过生态廊道建设，进一步提高岸线生态化和景观化，力求形成前方碧海蓝天、沙滩海浪，后方绿树掩映、鸟语花香的集生态、景观、休闲、旅游娱乐为一体的阳光海岸。

5.4.3.2 总平面布置

该沙滩修复工程北侧依托宁波滨海新城绿化带建设项目围堤，南侧依托梅山水道南堤工程，沙滩岸线全长 1 983 m，水下沙滩宽度为 50 ~ 100 m，陆上沙滩宽度为 60 ~ 100 m，沙滩面积 32.34 万 m^3。新建水下挡沙堤 1 690 m，沙滩吹填底沙 70×10^4 m^3、面沙 24×10^4 m^3。本项目区营运期可容纳 5 000 人，一般冬季无游人，春、夏、秋季为主要运营期。

结合景观岸线陆域功能规划及水下地形的特点，将整条沙滩岸线分为沙滩广场区、公众沙滩区和浅水沙滩区三大功能区，其中公众沙滩区又分为 I 区、II 区、III 区，公众沙滩 II 区后侧为沙滩排球场。沙滩广场区作为集中展示区，设计常水位 1.0 m 时，水域与陆域宽度均为 30 m；公众沙滩 I 区、II 区供游客人群集中使用，人群相对密集，设计常水位 1.0 m 时，陆域宽 80 m，水域宽 120 m；浅水沙滩区在设计常水位 1.0 m 时，陆域宽 80 m，水域宽 120 m，其中浅水沙滩区相对公众沙滩区拓宽 1 m 水深范围；公众沙滩 III 区作为连接沙滩主入口与船闸导堤的过渡区域，可供游客亲水休闲游玩，设计常水位 1.0 m 时，陆域宽 45 m，水域宽 55 m；公众沙滩 II 区后侧沙滩排球场供沙滩排球赛事使用。

在沙滩工程后方布置生态廊道建设工程（图5-24），生态廊道总面积 481 034 m^2，其中景观、绿化及配套设施占地约 211 070 m^2，景观绿化带宽度为 40 ~ 160 m。建设内容包括地基处理工程、绿化景观工程、给排水工程、配电工程及其他配套设施工程等。

5.4.3.3 修复内容

1）万人沙滩一期工程内容

（1）沙滩广场区

沙滩总长度约 440.58 m，宽度约 60 m（沙滩设计常水位以上宽约 30 m，沙滩水域宽约为 30 m），设计高水位以上沙滩的顶面高程由 2.5 m 逐渐下降到 1.5 m，坡度为 1:20，设计高水位以下沙滩顶面高程由 1.5 m 逐渐下降到 -1.5 m，水位变动区坡度为 1:20，

图 5-24　态廊道布局

0.5 m 高程以下段坡度为 1：5，相对高差约 4.0 m。铺沙厚度：0.5 m 高程以上沙滩铺设面沙厚 1 000 mm，下设 380 g/m² 复合土工布一层，土工布下方为底沙，底沙回填范围自清基线至土工布；0.5 m 高程以下沙滩铺设面沙厚 500 mm，面沙下方为底沙，底沙回填厚度范围自清基线至面沙，底沙回填应在清基验收合格后方可进行。

（2）公众沙滩区

公众沙滩区分为Ⅰ区、Ⅱ区、Ⅲ区，Ⅰ区沙滩总长 675.26 m，Ⅱ区沙滩总长263.47 m，Ⅲ区沙滩总长 378.3 m。

① 公众沙滩Ⅰ区。设计沙滩宽度为 60~200 m（沙滩设计常水位以上宽为 30~80 m，水域部分宽为 30~120 m），设计高水位以上沙滩的顶面高程由 2.5 m 逐渐下降到 1.5 m，坡度为 1：50（局部平段），设计高水位以下沙滩的顶面高程由 1.5 m 逐渐下降到 −1.8 m，坡度为 1：30、1：50 和 1：10（局部平段），相对高度约 4.3 m。铺沙厚度：0.0 m 高程以上沙滩铺设面沙厚 1 000 mm，0.0 m 高程平段面沙厚 700 mm，下设 380 g/m² 复合土工布一层，土工布下方为底沙，底沙回填范围自清基线至土工布；0.0 m 高程以下沙滩铺设面沙厚 500 mm，面沙下方为底沙，底沙回填范围自清基线至面沙，底沙回填应在清基验收合格后方可进行。

② 公众沙滩Ⅱ区。设计海滩宽度约 200 m（沙滩设计常水位以上宽约 80 m，水域部分宽约为 120 m），沙滩Ⅱ区后方为沙滩排球场，其余断面设计基本同Ⅰ区。

③ 公众沙滩Ⅲ区。设计沙滩宽度 100~200 m（沙滩设计常水位以上宽约 45 m，沙滩水域宽为 55~155 m），设计高水位以上沙滩的顶面高程由 2.5 m 逐渐下降到 1.5 m，坡度为 1：35，设计高水位以下沙滩的顶面高程由 1.5 m 逐渐下降到 −1.8 m，坡度为 1：20 及1：10（局部平段），相对高度约 4.3 m。铺沙厚度：0.0 m 高程以上沙滩铺设面沙厚1 000 mm，下设 380 g/m² 复合土工布一层，土工布下方为底沙，底沙回填范围自现状泥

面至土工布；0.0 m 高程以下沙滩铺设面沙厚 500 mm，面沙下方为底沙，底沙回填范围自现状泥面至面沙。

（3）浅水沙滩区

设计海滩宽度约 200 m（沙滩设计常水位以上宽约 80 m，沙滩水域宽约为 120 m，其中浅水区加宽至 82 m），设计高水位以上沙滩的顶面高程由 2.5 m 逐渐下降到 1.5 m，坡度为 1∶50（局部平段），设计高水位以下沙滩的顶面高程由 1.5 m 逐渐下降到 -1.8 m，坡度为 1∶30、1∶50 和 1∶10（局部平段），相对高度约为 4.3 m。铺沙厚度：0.0 m 高程以上沙滩铺设面沙厚 1 000 mm，0.0 m 高程平段面沙厚 700 mm，下设 380 g/m² 复合土工布一层，土工布下方为底沙，底沙回填范围自清基线至土工布；0.0 m 高程以下沙滩铺设面沙厚 500 mm，面沙下方为底沙，底沙回填范围自清基线至面沙，底沙回填应在清基验收合格后方可进行。水下沙滩断面结构如图 5-26 所示。

图 5-25　陆上沙滩结构断面（沙滩广场区及部分公众沙滩区）

图 5-26　水下沙滩结构断面（浅水沙滩区及部分公众沙滩区）

（4）附属设施

沙滩范围内共设置冲淋区 9 个。单个冲淋区设置 4 处喷头，供水接市政给水管网。在公众沙滩Ⅰ区及浅水沙滩区设置瞭望塔及拦网浮球，瞭望塔设置 4 个，拦网浮球 2 道（挡沙堤 1 道，浅水沙滩区单独设置 1 道），拦网总长 1 885 m。

施工主要顺序为挡沙堤土工布铺设→底沙吹填→底沙摊铺整平→底沙测量验收→底沙上部土工布铺设→面沙铺设→面沙陆域摊铺→拦网浮球安装→面沙水域摊铺→面沙测量验收等。施工现场如图 5-27 所示。

2）生态廊道建设工程内容

（1）建筑工程

主入口建筑 1 508 m²，1#次入口建筑 1 235 m²，2#次入口建筑 980 m²，公交车站、公厕 129 m²，沙滩排球场南场 844 m²，沙滩排球场北场 1 681 m²，大浴场 561 m²，北区建筑

图 5-27 万人沙滩施工现场

4 368 m²。

（2）绿化工程

本工程主要乔木有布迪椰子、中东海枣、加拿利海枣、棕榈树、重阳木、香樟、广玉兰、女贞、金桂、杨梅、沙朴、榉树、中山杉、日本早樱等。主要灌木有红叶石楠、海桐球、红叶石楠球、茶梅球、红花檵木球、丝兰等。主要花卉有红叶石楠、金森女贞、洒金珊瑚、金边黄杨、红花檵木、八角金盘、结香、海桐、麦冬等。草皮主要有果岭草、马尼拉等。绿化种植地基处理主要包括土壤隔盐处理，避免海水对林木生长造成不良影响。隔盐处理后需在地表铺设营养土和种植土，种植土厚约 1.5 m。苗木的搭配达到简洁明快的效果，先锋树种（乔木）靠海边种，靠陆一侧就配置一些后继树种（灌木），同时根据总体布局适当配置季节性树种，使其在简洁的基础上有色彩和层次的变化。建植初期需要对绿化带进行养护。养护期为两年，养护内容包括揭遮阳网、浇水、追肥、病虫害防治等。其中浇水、追肥和病虫害防治是养护关键。

（3）景观工程

景观工程主要有木栈道、停车位、花坛、树池、景墙、廊架、救生塔、围墙、水景等。

（4）室外安装工程

室外安装工程包括给水工程、综合管线、喷泉、景观照明及智能化工程等。

（5）园路工程

园路采用 3 cm 厚细粒式沥青混凝土、8 cm 厚细粒式沥青混凝土、30 mm 厚 5% 水泥稳定碎石层、300 mm 厚级配碎石层、安砌侧石、路基平整。

生态廊道施工现场如图 5-28 所示。

图 5-28　生态廊道施工

5.4.4　修复成果

万人沙滩一期工程施工期从 2016 年 4 月 25 日至 2017 年 8 月 22 日。各工程达到预期要求（表 5-7），形成了沙滩洁净、砂质柔软、沙面平坦、缓坡入海的万人沙滩，与前沿水质清澈、水色湛蓝、水面平静的梅山水道交相辉映，真正做到黄金海岸、碧海蓝天、美不胜收（图 5-29）。

表 5-7　万人沙滩一期工程修复效果分析

考核内容	考核内容	修复效果
地貌完整性程度	海岸地貌结构组成是否完整	是
	潮间带平均宽度是否足够	100 m 以上
	海滩品质如何	优良
岸滩稳定性程度	岸滩稳定时间是否可保持 2 a 以上	是
	颗粒组成与水动力环境是否适应性好	是
	滩面是否存在冲刷或泥化现象	改善了滩面泥化现象

续表

考核内容	考核内容	修复效果
护岸结构生态化程度	护岸结构是否斜坡或者透水	本次不涉及护岸建设
	护岸设计是否与环境协调	后方护岸与环境协调
	沿岸娱乐休闲设施是否设置合理	是
海岸生态健康性	海滩是否平整、洁净，无污物、垃圾	是
	海滩沉积物质量是否满足一类标准	是
	海滩砂生植被覆盖程度如何	较好
总体评价	提升了梅山湾整体生态景观环境，修复了受损岸线，重塑岸线地形地貌完整	

图 5-29　万人沙滩一期工程实施后航拍及实拍

5.4.4.1　万人沙滩一期工程实施提升了梅山湾整体生态景观环境

近年来，梅山水道内相继完成的梅山大桥、七姓围涂、大嵩围涂及崎南围涂等工程的实施及自然条件的改变，导致梅山湾进出口即梅山水道南部因水动力减弱而缓慢淤积，悬浮泥沙含量增大，加之水道内本身水体泥沙含量大，常年水质浑浊，同时梅山湾两侧河川均以梅山水道为排放水体，使得水道南部的水环境和生态环境受源头影响严重，沿岸环境不断恶化，水域环境亟待改善。

通过对受损岸线进行整治修复，改善居住区配套设施，发挥绿化带涵养水源、保持水土、调节气候、美化环境等多种生态功能，改善并提高梅山水道南部的生态环境。同时人工沙滩也是城市水岸生活的重要组成部分，可以营造适宜群众亲水临水的海岸环境，提升了滨海新城的整体居住环境和品质，进而打造一个更加宜居宜业的现代化滨海新城，实现城市发展与海岸带生态建设共生，促进海洋经济与自然生态的和谐发展。

5.4.4.2　万人沙滩一期工程修复了受损岸线，重塑岸线地形地貌

梅山湾海域周边岸线较为粗糙凌乱，以人工岸线为主，仅起到防浪挡浪作用，大片淤泥滩地裸露，沙滩在靠近海域的地方也变为泥滩，作为海滨城市，功能较为单一，整个岸段及水域不具备海岸生态和景观功能。万人沙滩一期工程的实施，对该处受损岸线进行整治修复，使受损的岸线重新发挥防护。

5.5　松兰山海岸带修复工程

5.5.1　地理位置

松兰山位于宁波市象山县东南，距县城 9 km。松兰山是天台山由西向东延伸大海的余脉，大自然的造化使它形成了曲折的港湾、美丽的岛礁和多处岬角、沙滩，海蚀地貌又使沿岸礁石林立、千姿百态、气势磅礴、蔚为壮观。本次修复工程位于东沙滩至白沙湾道路临海一侧，拟对基岸线进行修复。

5.5.2　原海岸状况

松兰山度假区规划总面积25.1 km²，先后被评为省级旅游度假区、中央电视台黄金周直报景点、国家"AAAA级旅游区"，上海市民最喜爱的浙江十佳景区等，已成为华东地区集休闲、娱乐、度假、会议等为一体的综合性海滨旅游度假区。

松兰山度假区共有 6 个沙滩，滩滩相连，南北长 5 km，其中南沙滩已成为海滨浴场。南沙滩北边是东沙滩，为度假区中最大的一个沙滩，这一带已组建了区内功能比较完善的中心区；再依次是十二生肖沙滩、太极湾滩、小平岩滩及白沙湾滩（图5-30）。

图 5-30　松兰山海岸带原海岸状况（局部）

南沙滩前沿，为水上帆船训练基地。早在 1998 年，浙江省帆船帆板集训基地（国家青少年帆板帆船训练基地）就落户松兰山，多次成功举办国家级和省级帆船（板）比赛，积累了丰富的办赛经验，培养了一大批优秀的帆船（板）运动员。

象山县松兰山度假区快速发展，人类的剧烈活动造成景观的破碎化，以及随之而来的环境问题。经诊断，松兰山海岸带存在以下 3 个主要问题：① 部分海岸带受损，生态系统退化；② 部分海岸环境脏乱差，影响海岸带视觉景观；③ 部分海岸配套设施不足，影响区域海岸生态维护及海洋旅游产业发展。

5.5.3　修复方案

5.5.3.1　修复目标

通过松兰山海岸带植被修复工程、滨海低碳慢行系统建设工程及配套设施改善工程等的建成，将打造松兰山海岸带东沙滩至白沙湾道路临海一侧的"绿色廊道"，使松兰山海岸带生态环境得到恢复，维护滨海生态系统的连续性和多样性，保证海洋经济的可持续发展；维护自然岸线系统平衡，并美化海洋环境，提升区域景观质量，改善沿岸人居环境，以营造适宜民众亲海的海岸带风貌，提供以人为本的全方位休闲运动空间，提升人民群众幸福指数，打造宜人、美观、低碳、生态象山（图 5-31）。

5.5.3.2　修复内容

本次修复工程全长 3.1 km，总面积 120 103 m²，主要建设内容包括海岸带植被修复工程、滨海低碳慢行系统建设工程及配套设施改善工程等，总投资达 4 914 万元（图 5-32）。

（1）松兰山海岸带植被修复工程：植被修复面积约 2 733 m²；恢复松兰山沿海岸线的自然面貌，恢复具有自然再生能力的沿海生态系统。

（2）滨海低碳慢行系统建设工程：新建栈道 1 100 m，宽 2.5 m；沙滩游步道 800 m，宽 3.0 m；自行车道 3 660 m，宽 2.0 m；钢桥 4 座，宽 2.0 m；廊架 4 座，共 64 m。

图 5-31 松兰山海岸修复效果

（3）松兰山海岸带配套设施改善工程：建设休息区服务建筑 4 座，共 854 m²；相关的台阶、退台、观景平台、电气等配套设施改善工程。

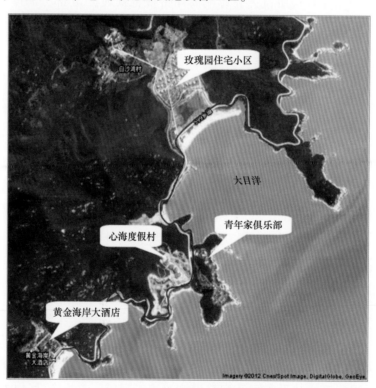

图 5-32 松兰山岸线修复平面布置

5.5.3.3 修复工程布置

1）平面布置

本项目起点与松柏公路东沙滩段相接，路线向北以栈道形式穿行于岩石礁岸之上，终点与松柏公路白沙湾段相顺接。整条栈道穿行路线由南至北依次经过东沙滩、中央沙滩、太极湾沙滩、松兰山滨海浴场及白沙湾沙滩。

项目低碳结构由栈道和机动车道形成滨海慢行系统，连接各级主要节点。整个系统共6个一级节点，6个二级节点，14个三级节点。通过各级节点的有机组合，为居民观景、休闲活动和休息等提供服务。

通过对空间、人的活动及各区域功能的分析，创造出体现松兰山海岸线休闲理念的功能分区，根据总体规划，把整个栈道分为滨海栈道区、滨海沙滩浴场区及滨海休闲区3个功能区。

2) 节点布置

一级节点：本项目一级节点为沙滩浴场及半岛休闲区。其中，沙滩浴场位于场地西南边的沙滩区，设计依托现状自然沙滩，沿栈道设置绿色服务建筑、沙滩排球、观景平台和游艇码头，为行人提供休息、售卖、沙滩排球、游艇出海和码头停泊等服务。另外，半岛休闲区位于场地西北部，基于场地相对独立的小环境，设置休闲茶室建筑，为居民提供茶室、保健、咖啡、售卖、指示和停车等服务。

二级节点：本项目二级节点为退台式观景平台，位于栈道与内侧岩石的交接处，为木质休闲平台，可以为行人提供观景、指示和休息等服务。

三级节点：本项目三级节点为栈道入口、酒店沙滩入口及人行索桥。栈道主入口位于栈道西南端，连接机动车道、自行车道、栈道和沙滩休闲区，通过设置入口平台和观景平台，将行人引到栈道和沙滩区，同时附加停车场、指示系统、电话亭和公共卫生间等服务功能。酒店沙滩位于栈道中段，连接黄金海岸大酒店、游步道和阳光沙滩，设置入口小广场，为行人提供停留和休息等服务。

针对场地现状较宽的断崖裂缝，采用人行索桥的形式连接两端的观海栈道，使整个观海栈道游线保持连续、顺畅。

3) 道路慢行系统布置

本项目滨海道路慢行系统包括栈道、人行道及自行车道。

栈道：栈道沿礁岩海岸线设置，平面标高在6.0 m左右，分为标准段（有座椅，防止游客攀爬）、非标准段（靠近岩石，无座椅）、徒步礁石段（大块缓坡岩石，可以驻足观景休息）和索桥段（有巨大裂缝，栈道无法连续），为人们提供观景、游憩、指示和休息等服务，是整个慢行系统的核心。

人行道：人行道主要在陡崖段（栈道无法连接）设置，分为两种情况，一是紧贴机动车道和自行车道；二是沿自行车道甩开，与自行车道之间有一定的植物进行修复，主要起到连接断开的栈道步行系统。

自行车道：自行车道分为两种情况，一是紧贴现状机动车道；二是沿机动车道甩开，与机动车道中间有一定量的植物修复带，并在沿线设置自行车租赁停车系统，为行人提供骑车观景、游憩等服务，是整个慢行系统的重要组成部分。

5.5.4　修复成果

新建栈道1 100 m，宽2.5 m；沙滩游步道800 m，宽3.0 m；自行车道3 660 m，宽2.0 m；钢桥4座，宽2.0 m；廊架4座，共64 m。上述滨海步道不仅增加了岸线亲水功能，工作人员还能通过栈道下到基岩岸边，随时清除海水里的垃圾，维护区域岸线环境。

恢复松兰山沿海岸线的自然面貌，恢复具有自然再生能力的沿海生态系统，植被修复面积2 733 m²。通过海岸植被种植，使部分海岸带生态得到有效修复，提升了海岸景观。

工程建设休息区服务建筑4座，共854 m²；相关的台阶、退台、观景平台、电气等配套设施。通过上述配套设施的建设，使海岸带得到有效管理，海岸生态得以长期保持并促进旅游产业的发展。

工程有效地遏止了松兰山海岸带生态系统的衰退，使海岸带生态和旅游资源得到有效修复和保护，沿岸生态环境得到明显改善，生态系统和环境状况向更健康的方向发展（表5-8，图5-33和图5-34）。

表5-8　松兰山海岸带修复效果分析

考核内容	考核内容	修复效果
地貌完整性	地貌完整性是否较好，海蚀地貌是否典型	地貌完整，海蚀地貌典型
	岸滩自然属性如何	自然属性好，无危石、垃圾
	修复材料是否生态化	是
景观生态效果	生态景观建设情况如何（是否基岩海岸建有观景栈道和平台等生态景观设施）	建设了景观栈道和平台
	景观建设影响如何	无不良影响
	环境协调程度	海岸生态景观廊道设计美学价值突出，与海岸环境协调
海滩生态健康性	海水、沉积物质量较修复前是否有所改善	无明显变化
	生态绿化情况	植被丰富，覆盖良好
	生物水平	潮间带生物较丰富
总体评价	提高了岸线生态化，改善了海岸环境，海岸景观得到明显提升	

图 5-33　航拍松兰山海岸修复后岸线

图 5-34　松兰山海岸修复后岸线

5.6　慈溪西部岸段——慈溪岸段生态修复

5.6.1　地理位置

慈溪西部岸段全长约 13.53 km，西起杭州湾湿地保护区西侧边界（30°16′49″N，121°5′30″E），东至四灶浦稍排涝区（30°19′37″N，121°9′3″E）。

慈溪西部岸段以建塘江十一塘闸为节点分为两段，其中建塘江十一塘闸以西共
4.85 km的慈溪岸段由原慈溪市农业局组织实施整治修复。

5.6.2　原海岸状况

根据2018年宁波市大陆海岸线修测成果，"慈溪西部岸段——慈溪岸段"北侧岸线
界定为自然岸线中的自然恢复的淤泥质岸线和人工岸线中防潮闸；西侧岸线界定为人工
岸线中的海堤。

"慈溪西部岸段——慈溪岸段"外侧滩涂自然淤积，已形成滨岸沼泽，滩涂上自然生
长有互花米草等植物种群，岸线已具备较高的自然化程度，但当地农户自发在岸线外侧
滩涂自然淤积区非法挖塘进行海水养殖（图5-35和图5-36）。

"慈溪西部岸段——慈溪岸段"部分岸段修复前已具有较高的自然属性，但仍存在生
态问题，主要为岸线违法占用。整治修复岸段人工海堤外侧自然淤涨形成滩涂后，大部
分被违法占用改造成养殖塘或建成其他人工构筑物，违法建设养殖塘易造成海岸带区域
湿地生态系统与邻近浅海水域的物质和能量交换，改变了区域湿地生态系统的性质，造
成湿地生态系统功能与结构的退化和丧失，海岸线的再生机制受到制约，也不利于后期
杭州湾国家级海洋公园的开发建设。

图5-35　北侧岸段外侧现场照（修复前）

图 5-36　原岸线状况

5.6.3 修复方案

5.6.3.1 修复目标

1) 总体工作目标

以"创新、协调、绿色、开放、共享"为理念，秉承"绿水青山就是金山银山"的思想，针对慈溪市1个岸段存在的生态环境问题精准施策。通过滩涂非法养殖整治等措施，切实修复和恢复该区域的海岸生态环境，提高慈溪市西部岸段的景观度、生态化，营造适宜民众亲海近海的海岸带风貌，提高居民获得感和幸福感，构建人-海和谐的滨海滩涂，促进人与自然和谐发展。

2) 技术考核指标

根据浙江省淤泥质岸线修复技术方案，浙江省淤泥质岸线修复主要内容为3个方面：① 退塘还滩；② 促淤涨滩；③ 植被修复。鉴于拟修复岸滩存在大面积养殖塘，严重破坏了岸滩地形地貌的完整性，滩涂的连续性和生态化，故退塘还滩是修复必要且首要的措施指标。而拟修复岸段位于杭州湾沿岸，滩涂平缓开阔，属于发育潮滩。并且只要对养殖塘塘埂挖除标高合理设计，其能被涨潮水淹没，退潮初露，高于其他涂面，即能为落淤创造条件，无须另外进行促淤涨滩工程。通过调查部分未被养殖塘占用的岸滩，目前芦苇等天然植被覆盖良好，说明区域具有良好的滩涂植被自我修复条件，故退塘还滩后，通过若干年自然恢复，预计可以实现岸滩植被覆盖，故植被修复以自然恢复为主。因此，本次修复技术考核指标为，通过滩涂养殖塘清退等生态化修复工程措施，修复岸线长度共计4.85 km。

5.6.3.2 修复内容

慈溪市农业局、慈溪市周巷镇人民政府开展了岸线整治修复，涉及整治岸线长度4.85 km，项目总投资约799万元。本次主要工作内容为清退养殖塘和平整海堤路面。

1) 清退养殖塘工程

土地平整区块一分部工程面积为167 726 m²，由南往北划分为51个区块，设计底开挖标高为2.7 m；土地平整区块二分部工程面积为1 437 152 m²，由南往北共划为60个区块，设计底开挖标高为3.3 m；土地平整区块三分部工程面积1 726 427 m²，由南往北分为72个区块，设计底开挖标高为3.6 m；土地平整区块四分部工程面积为2 456 325 m²，由南往北共划分为108个区块，设计底开挖标高为3.7 m；土地平整区块五分部工程面积为1 486 304 m²，由南往北共划分为58个区块，设计底开挖标高为3.8 m；土地平整区块六分部工程面积为444 442 m²，由西往东共划分为24个区块，设计底开挖标高为3.6 m。

开挖土方（包括鱼塘开缺土方、土埂挖除等），就近两侧散土平整，同时清理电线杆、棚户等垃圾废弃物统一外运（图 5-37）。

图 5-37　拆除塘埂施工

2）平整海堤路面

该岸段两侧部分海堤路面为泥结石路面。多年来，由于农用车农用机械的破坏，路面凹凸不平，且部分破损。通过挖高补低，垒砌块石修补缺口的方式，对海堤路面进行平整。

5.6.4　修复成果

通常情况下，淤泥质岸线生态化修复内容包括退养（塘）还滩、促淤涨滩及自然恢复、种植护滩。鉴于修复岸段位于杭州湾沿岸，水体含沙量高，水文动力条件较弱，岸线淤涨宽度已达百米，形成了大面积潮滩湿地，完全具备淤泥质岸滩剖面形态的岸线，故而无须进行促淤涨滩工程。此外，该处经过多年植被自然生长，芦苇等植被已经十分丰富，覆盖率较高。预计清退的养殖塘在 3~5 a，通过自然恢复的方法，也可达到形成良好的生物群落。故而慈溪西部淤泥质岸线生态化修复的主要措施为退塘还滩和平整海堤路面。

目前，宁波市自然岸线保有率较低，大部分岸线得到不同程度的开发利用，但也有相当一部分的岸线因为受到资金后期投入不足、产业结构调整和经济发展形势等影响，而遭到弃用和破坏，没有真正发挥岸线服务功能。该岸段建设有海堤，仅从其岸线建设情况分析，应为人工岸线。但杭州湾海域外侧滩涂发育，具备岸线自然化天然条件。在此基础上，本次修复全面清退了建塘江西侧滩涂非法养殖，平整了西侧海堤路面，促进了修复建塘江西侧人工海堤外的滩涂生态功能，同时后续通过自然淤涨形成滩涂涂面，进一步提高了慈溪市建塘江西侧海岸线的景观度和生态化（图 5-38）。

表 5-9　慈溪西部岸线修复效果分析

考核内容	考核内容	修复效果
地貌完整性	海岸地貌结构组成是否完整	是
	潮间带宽度	大于 100 m
陆域生态化程度	护岸结构是否生态化	较生态
	岸线向陆侧空间利用是否生态化	为养殖塘，具有一定的生态化
	海堤或护岸管理范围内植被覆盖率如何	植被覆盖率较好
海滩生态健康性	整治修复区域潮间带海水水质、沉积物质量	清退了养殖塘，使海域水质和沉积物有所改善
	高潮滩植被覆盖率	覆盖率高
	植被群落结构是否良好，有观赏性	良好，有观赏性
	潮间带生物量和资源密度	较好
总体评价	改善了海岸生态环境、提高了海岸景观度	

图 5-38　整治后现场实拍

5.7　干岙湿地生态修复工程

5.7.1　地理位置

干岙隶属于春晓街道，位于北仑区梅山水道北岸，梅山大桥以南，是梅山湾综合整治工程内容之一。

春晓街道具有得天独厚的地理优势，位于宁波市北仑区最南端，三面环山，一面临海，太河公路和沿海中线形成纵横两条交通要道，距新碶 11 km，距宁波市中心区 33 km。

5.7.2　原湿地状况

湿地是位于陆生生态系统和水生生态系统之间的过渡性地带，由于它具有强大的生态净化作用，因而被誉为"地球之肾"。湿地是具有多种独特功能的生态系统，它在维持生态平衡、保持生物多样性和保护珍稀物种资源，以及涵养水源、蓄洪防旱、降解污染、调节气候、补充地下水、控制土壤侵蚀等方面均起到重要作用。

干岙湿地东北侧为梅山大桥，西南侧为绿化带工程，前沿为梅山水道，后方为沿海中线。干岙湿地修复前，大米草为该湿地主要覆盖植被，物种十分单一，且湿地水系沟通能力较差。既要接受后方陆域排水，包含部分生活污水，又要受潮水涨没，导致湿地水域的水质和生态环境均较差，与良好的生态湿地存在较大差距（图 5-39）。

图 5-39　修复前区域状况

该区域在修复前生态问题较多，主要有以下几点：① 大米草大量蔓延生长，植被品种单一。② 修复区还未进行水系建设，设防标准不满足，汛期滩涂淹没时间长。③ 无排涝通道，涝水无下泄通道，影响度汛安全。④ 项目区水质较差，滩涂无保护设施、无净化措施，涝水含有大量的泥沙等污染物，直接进入梅山水道，对梅山水道水质产生不良影响。⑤ 水资源利用与调节不合理，大片滩地裸露，亲水条件不足，景观差。

5.7.3　湿地修复方案

5.7.3.1　修复目标

本次湿地保护和修复的总体目标是湿地修复，景观提升。具体目标介绍如下。

1）限制大米草蔓延，为多样性湿地植被种植创造条件

干岙湿地大米草蔓延，植被种类多样性差。并且由于大米草的过度繁盛，导致湿地可供动物生存空间减少，滩涂动物生存环境恶化。进行湿地修复，清除部分大米草，限制大米草的蔓延。

2）进行水系建设，充分发挥湿地净化作用

修复区未进行水系建设，导致湿地滩涂淹没时间过长，湿地盐碱度过高，适合高盐碱性的植被种类少之又少。同时，陆域污染物在湿地逗留时间短，难以起到良好的净化作用。进行生态修复，修筑河堤，保持湿地内侧陆域来水在湿地进行长时间净化，阻挡水道盐碱水过多进入湿地，从而减少滩涂淹没时间和湿地盐碱度。

3）通过植被试验种植，为后续湿地建设提供经验

湿地植被修复相比陆域植被修复难度大，不仅需要考虑景观性，还需选择合适物种搭配，以适应土壤的盐碱性，湿地水位淹没时间等。该过程需要反复试种、多次挑选，最终选择合适当地的滨海物种。通过干岙植被试验种植，为整个干岙湿地后续的建设提供经验，进而推动大范围湿地植被的种植。

4）建设湿地廊道，增加公众亲水空间

梅山水道经南北堤修筑后，整体水质得到了提升，加之万人沙滩、绿化带等工程的落户，形成了"水清、岸绿、波宁、潮平"的蓝色海湾。进行湿地廊道建设，是整个梅山湾修复的重要内容。增强湿地休闲漫步场所，增加公众亲水空间，提高当地民众的幸福感和满足感。

5.7.3.2　总平面布置

干岙湿地修复分为一带三区，一带即河堤建设带，三区分别为河堤景观区、湿地改造试验区和原生态体验区（图5-40）。

一带：以 0 m 等深线为参考，与南侧绿化带二期外侧围堤齐平，修建湿地外侧河堤。河堤建设是整个湿地改善水系的前提。

三区：①河堤观景区，可同时感受湿地及滩涂风光的河堤游览线路，兼顾"慢跑""散步"两种游览方式，提供更为丰富的观光体验。②湿地改造试验区，为高校和科研单位提供科研试验基地，可由当地大学负责管理并开展科学研究、实验及监控；同时设计

木栈道观景线路，供游客参观游览，具有较强的亲水性。③原生态体验区，以原有大米草为原生态风景的穿梭体验区域，主要观赏海鸟和植被，宣传环境保护。

整体场地采用大尺度流线型构图，自然划分湿地各类生境，营造粗狂野趣的湿地生态风情。结合现状地形，建设湿地岛屿。结合水位高差，架设栈桥和坝上汀步，保证栈道的亲水性。

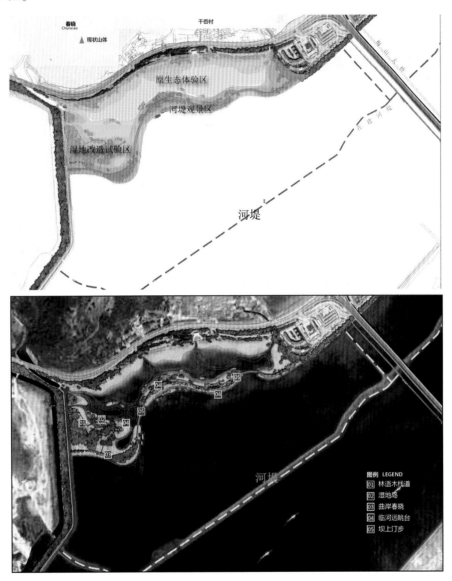

图5-40 湿地总平面布置

5.7.3.3 建设内容

干岙湿地生态修复区占地面积约21×10⁴ m²，通过清理涂面互花米草、开挖土方及构筑围堤、架设木栈道和溢流坝来构建水系，将上游丰富的淡水蓄存在围堤内，以不断降低堤内水体的盐度来遏制互花米草种群的复苏。该湿地生态修复区形成+0.8 m以上的涂面面积为9.4×10⁴ m²，形成+0.8 m以下的水域面积11.3×10⁴ m²，水面率为53.8%。修建木栈道1 180 m（顶面标高为+1.5）、溢流坝180 m（底标高为+0.8）。

1）河堤工程

在湿地区外侧，修建河堤共1 600 m，河堤高程约2 m，梅山水道常水位为1 m。河堤上设一水闸，供湿地和梅山水道进行水体交换，水闸单孔，宽20 m。

2）慢行系统

栈道慢行系统：场地内的慢行系统采用木栈道形式，使其更好地融入整个生态环境；河堤景观区根据筑堤形态设置园路形态，形成景观节点；湿地改造试验区采用折线型路线布局，通过行走时的视觉转折，丰富行人的行进感受。木栈道总长1 139 m，宽度为2.4 m。设置栈道"三角"缓冲地带，设置景观平台，供游览者驻足休憩（图5-41和图5-42）。

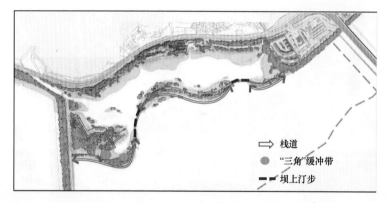

图5-41　慢行系统布局

图5-42　慢行系统示意图

坝上汀步（图5-43）：在栈道系统中间布设两座汀步，长度分别为100 m和90 m。坝上汀步总宽度为9 m，中间为2.4 m宽行走汀步步道，两侧各为1.6 m漫水平台，平台外侧为防护斜坡，坡顶种植盐碱性植物。

图 5-43　坝上汀步示意图

3）湿地改造试验区

选种了芦苇、碱蓬、美人蕉、细叶芒、狼尾草、女贞、夹竹桃等 20 余种水生、陆生植物，种植面积约 6.5×10^4 m^2（图 5-44）。经过仅半年的实践，除红叶石楠不适宜外，其余选种的植物长势良好，湿地内生物多样性、景观效果不断提高，生态修复效果初步呈现。

图 5-44　湿地改造试验区植被示意图

4）河堤景观区

河堤景观区兼具闭合式和开敞式两种景观类型，该区主要植物芦苇和硫华菊也颇具观赏性，能提供游人一个清爽舒适的观景漫步道（图 5-45）。

5）原生态体验区

以原有大米草为原生态风景的穿梭体验区域，主要观赏海鸟和植被，宣传环境保护。

图5-45　河堤景观区植被示意图

5.7.4　修复成果

干岙湿地通过涂面清理、水系沟通、河堤建设、栈道修建、植被恢复等多项工程措施，使干岙湿地提升了湿地污水净化功能、湿地排水能力，使湿地生物入侵得到抑制、湿地生态逐步恢复，增加了湿地亲水功能，美化了湿地景观，改善了滨海湿地的生态性，修复后生成了更好的湿地生态系统，维持湿地生态系统健康。

总体评价，干岙湿地修复整体上提升了湿地景观和生态，改善了湿地水质（图5-46至图5-48）。

图5-46　湿地施工现场

图 5-47　干岙湿地修复前后对比

图 5-48　航拍干岙湿地修复后

第6章　宁波市海洋生态修复发展

6.1　宁波市海洋生态修复发展方向

宁波市人民政府高度重视海洋环境保护，在海域开发管理、海洋环境保护和海岛综合管理等方面加强制度建设，组织并制定实施了《宁波市海洋功能区划》《宁波市海洋经济发展规划》《宁波市生态保护红线规划》《宁波市海洋生态环境整治修复"十三五"规划》《宁波市水生生物增殖放流实施办法》《宁波市海洋环境与渔业水域污染事故调查暂行办法》《宁波市重污染行业污染整治提升方案》等规划和办法。同时，在重点港湾象山港加大制度建设力度，制定并实施了《宁波市象山港海洋环境和渔业资源保护条例》《象山港区域保护和利用规划》《象山港区域污染综合整治方案》《象山港区域近岸海域环境功能区划》等。一系列制度的建设，进一步规范用海行为，同时为海洋资源环境治理、保护管理提供了法律依据和制度保障。

近年来，宁波市利用中央和地方财政资金支持，开展了一系列海域海岛海岸带整治修复项目，取得了一定成效，推动了海洋生态文明建设，实现了社会、经济与生态多重效益。"蓝色海湾""南红北柳"整治行动有效改善了宁波海域海岛海岸带生态环境，促进滨海湿地面积不断增加，提升了景观品质。象山韭山列岛获批国家级自然保护区，渔山列岛获批国家级海洋公园和国家级海洋牧场示范区，象山县海洋生态文明示范区成功创建。西沪港滩涂湿地养护与修复工作，综合治理互花米草等生态灾害，增强了滨海湿地的污染净化和生物栖息功能。海洋环境监测网络不断完善，市、县（市、区）两级初步构建了近岸海域集成化、立体化监测系统，有效覆盖了全市重要海洋功能区、重点港湾和生态敏感海域，实现了由瞬时监测向过程监测，由定期监测向动态监测的跨越。

但长期以来"向海索地"行为造成的海洋生态环境问题不容忽视。大量围填海改变了海岸带陆海生态空间格局，侵占和破坏了滨海湿地，占用了原生自然岸线，降低了海岸生态防护功能，同时造成海湾纳潮量减小、水体交换和自净能力减弱。此外，填海形成的临港工业、港口码头等活动增加了污染物排放量，增大了海岸带环境风险。

滨海湿地是宝贵的自然资源。2018 年 7 月，国务院颁布了《国务院关于加强滨海湿地保护严格管控围填海的通知》（国发〔2018〕24 号），明确要求各地开展围填海生态评估工作，进行围填海生态损害赔偿和生态修复。宁波市围绕国家战略方针，贯彻落实国发〔2018〕24 号文要求，于 2019 年积极开展了 18 个围填海项目生态评估和生态保护修复方案工作，涉及围填海面积 126.0 km²。通过宁波市历史遗留问题围填海整治修复行

动，强化"绿水青山就是金山银山""山林湖草是共同生命体"的思想，坚持生态优先、绿色发展，依据生态评估结论，通过退填还海、植被种植、水系恢复、生态护岸、增殖放流、自然恢复等具体工程措施，使131 km²滨海湿地得到有效恢复，46.7 km岸线得到修复，海洋生物资源得到显著恢复，水文动力及冲淤环境得到明显改善，滨海景观得到显著提升，滨海环境得到美化，全面提升海洋生态文明建设水平，逐步实现"美丽港湾、自然海岸"的海洋生态文明总目标。宁波市围填海生态修复工程将成为宁波市今后海洋生态修复的重点。

6.2 宁波市围填海工程生态修复重点布局

6.2.1 宁波象山港以北海域

6.2.1.1 余姚市除险治江围涂工程围填海项目

针对生态评估的问题，生态保护修复目标是通过建设生态岸线、修复滨海湿地、削减污染物入海量、恢复海洋生物资源、提升围填海区域及其附近潮滩湿地海洋生态功能，形成"一带、两区、两湿地"的总体生态格局，同时开展生态修复跟踪监测与效果评估（图6-1）。

具体措施如下：①生态化海堤建设，整治修复岸线约16.96 km，海堤内坡建设生态护坡1 950 m；②潮滩湿地生态修复，滩面垃圾清理5年共20次，临时堆场整治挖除8 900 m²，互花米草治理、裸露高潮滩芦苇补种、滩涂巡查养护3年，底播贝类11 000万粒；③中心湿地修复，面积约200.0 hm²，其中调蓄湿地区面积133.3 hm²，复合湿地区面积66.7 hm²；④海洋生物资源恢复，增殖放流海洋生物700万尾；⑤建设海洋在线监测系统1套，海岸带实时视频监控系统1套；⑥滨海生态廊道建设，整治环塘河2 km，建设防护林4.4 km和环塘河南侧滨水生态廊道7.8 km；⑦中意宁波生态园区水系绿地建设，新建河流面积41.5 hm²，新建绿化面积243.6 hm²。

6.2.1.2 建塘江两侧围涂工程项目

拟在围涂区用海现状的基础上，以湿地生态系统保护与恢复为先，因地制宜地采取沼泽湿地、咸水湖湿地、河流湿地和人工湿地（水田）多类型湿地修复与生境重建、堤外潮间带湿地自然恢复等措施，加快促进形成稳定的湿地生态系统，实现湿地生境多样化和生物多样化，逐步恢复湿地生态系统的结构与功能（图6-2）。

具体生态修复措施：①开展湿地生境修复重建，恢复重建沼泽湿地403 hm²、河流湿地27 hm²、咸水湖湿地153 hm²、人工湿地（水田）339 hm²、堤外潮间带湿地自然恢复3 200 hm²，加快促进形成稳定的湿地生态系统；②开展围区内水系和林地改造建设，建设慈西水库1 333.3 hm²、围区内水系规划和水文梳理、开展龙山林地改造180 hm²，打造

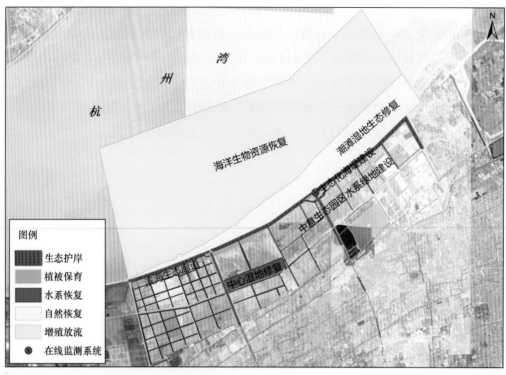

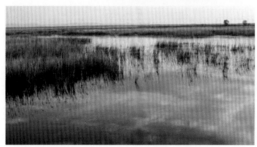

图 6-1　余姚市除险治江围涂工程围填海项目生态修复布局及效果

"山水林田湖草"为一体的湿地生态系统；③在杭州湾、慈西水库和湿地修复区域开展增殖放流，恢复因项目围填海损害的海洋生物资源，共开展增殖放流 2 798 万只（尾）；④在围区内布设常规性和科研监测站位等基础监测设施建设。

6.2.1.3　宁波杭州湾新区十二塘围涂工程项目

基于区域生态功能定位，结合围填海项目所引起的主要生态问题，宁波杭州湾新区十二塘围涂工程项目应重点开展：①滨海湿地修复，修复受损滨海湿地的结构与功能；②生态空间建设，恢复区域生态服务功能；③生物资源恢复，即增殖放流工程，恢复项目损害的海洋生物资源（图 6-3）。

具体生态修复措施：①湿地生境修复。恢复重建围区内生态湿地 669 hm^2，围区外潮间带湿地恢复 347 hm^2。②生态空间建设。围区内新建水系 114 hm^2 和绿地改造 349 hm^2，通过适当的人工干预，生态化提升改造海岸（堤）11 km；③增殖放流 5 594 万只（尾）。

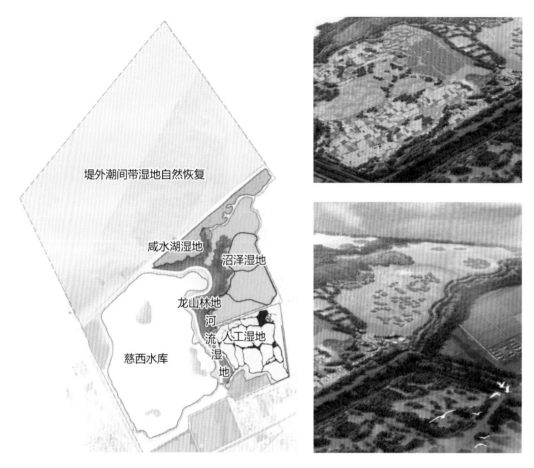

图 6-2 建塘江两侧围涂工程项目生态修复布局及效果

6.2.1.4 镇海片区围填海项目

镇海片区围填海项目的生态保护修复范围分围区内和围区外两部分进行，围区内严格参照《围填海工程生态建设技术指南（试行）》执行生态建设方案内容要求，以及《建设项目用海面积控制指标（试行）》，保证海洋生态空间面积占比要求（含绿化及水域）。围区外以增殖放流损害的海洋生物资源、南北堤外潮间带生态功能提升及丰富底栖生物多样性为主旨（图 6-4）。

具体生态修复措施：①海洋生物资源恢复增殖放流，每年增殖放流约 150 万尾；②南北堤外潮间带生态功能提升，南北堤外植被保育、外来物种防治 400 hm²；③生态海堤建设（牡蛎试验段，海堤内侧防护见围区内生态空间建设）50 m；④围区内生态空间建设（含海堤内侧生态防护）水系 12.29 km（62.59 hm²）、绿地 228.4 hm²。

6.2.1.5 北仑区峙南围涂工程

基于峙南围涂工程区域的生态功能定位，依据围填海项目特征和存在的生态问题，精准施策，规划生态修复内容和重点。修复区域包括钟家湾至上王碶海堤段及盛岙段开挖水域处，同时开展海洋生物增殖放流、生态修复跟踪监测与效果评估（图 6-5）。

图6-3　杭州湾新区十二塘围涂工程项目生态修复布局及效果

具体生态修复措施：①湿地修复。在盛岙段围涂内，利用现有开挖完工的水域，通过实施湿地植被种植工程等措施，修复受损水体环境，构建生态湿地系统面积约1.5 hm²。②生态海堤。对梅山水道北侧钟家湾至上王碶段海堤进行生态化改造，改造完成后形成环梅山湾西段生态海堤，长度约1.2 km。通过异地修复岸线弥补峙南围涂工程占用的自然岸线，实现岸线占补平衡。③生物资源恢复。在峙南围涂工程外侧海域实施增殖放流项目，增殖放流海域长度约6 000 m，宽度约75 m，面积约450 000 m²。主要是鱼类（黄姑鱼、黑鲷等）和贝类（毛蚶、菲律宾蛤仔等），可改善附近海域的生物资源环境。

6.2.1.6　北仑区梅山水道区域填海工程

基于梅山水道围填海工程的生态功能定位，依据围填海项目特征和存在的生态问题，精准施策，规划生态修复内容和重点。修复区域包括围填海区、岸线以及相邻海域，形

图6-4　镇海片区围填海项目生态修复布局及效果图

成"岸线生态美观、亲水空间丰富"的总体格局，同时开展生态修复跟踪监测与效果评估（图6-6）。

具体生态修复措施：① 岸线修复工程。包括笠帽礁河水闸外侧退填还海工程，恢复生态红线长度 713.6 m，挖除 7.39 hm² 填海区；生态海堤建设工程，整治修复长度约 5 km。② 滨海滩涂整治工程，约 26.6 hm²。③ 海洋资源恢复工程。在咸、淡水湿地分别投放相应物种，营造多样生境，为鸟类觅食提供优良场所。

6.2.1.7　北仑区梅山七姓涂区域围填海项目

基于区域生态功能定位，依据七姓涂围填海项目特征和存在的生态问题，精准施策，规划生态修复内容和重点，着重考虑湖泊、绿化等生态空间恢复，岸线生态化改造，以及生物资源修复，打造七姓涂及周边区域"生态湖-生态堤-增殖放流"的总体生态修复布局（图6-7）。

图6-5　北仑区峙南围涂工程生态修复布局及效果

具体生态修复措施：①七星湖生态修复工程。依托现有水域，进行七星湖生态护岸工程、景观绿化工程等相关工程措施后，对七星湖开展整治修复与保护以构建大型水系生态系统，建设生态护岸，打造亲水空间，使之成为七姓涂乃至梅山岛的"绿肺"及休闲空间，并改善海域整体视觉景观。拟建设生态护岸长约 1 500 m，形成七星湖面积约 $40.53×10^4$ m^2。②生态海堤工程。开展西堤景观廊道轴的建设，充分考虑人工岸线的自然化、生态化和绿植化建设的要求，保护生态环境，增强岸线生态和自然特点，使岸线利用与自然环境有机结合，打造生态良好、功能协调、形象优美的生态岸线。修建西堤景观廊道轴长度约为 3 050 m。③生物资源恢复工程。根据工程影响范围及所在海域特点，初步确定梅山水道、象山港口门及六横岛周边海域为备选的增殖放流海域。位置既靠近填海区域，可明显改善围填海项目实施后区域海洋生物生态环境的影响。本项目放流品种建议结合区域特点，选择大黄鱼、黄姑鱼、黑鲷、梭子蟹和海水贝类等生物。

图 6-6　北仑区梅山水道区域填海工程生态修复布局及效果

6.2.2　宁波象山港以南海域

6.2.2.1　鄞州区历史围填海项目

基于鄞州区围填海图斑的生态功能定位，依据围填海项目特征和存在的生态问题，精准施策，规划生态修复内容和重点。修复区域包括围填海区和海岸带，同时开展海洋生物增殖放流（图 6-8）。

图 6-7　北仑区梅山七姓涂区域围填海项目生态修复布局及效果

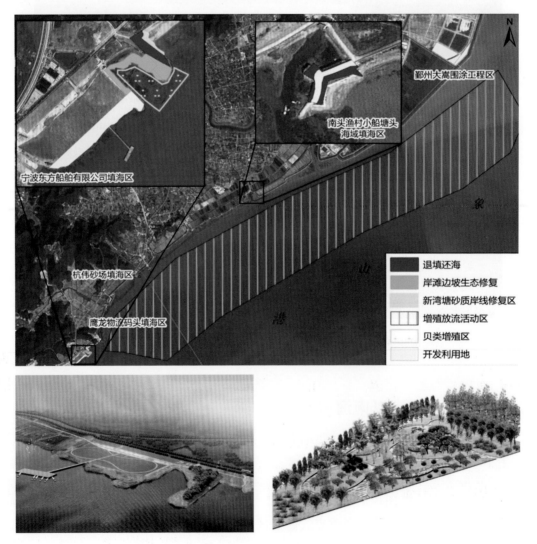

图 6-8　鄞州区历史围填海项目生态修复布局及效果

具体生态修复措施：①退填还海。杭伟砂场填海区和鹰龙物流码头填海区予以全部拆除；南头村小船塘头海域填海区部分拆除，面积为 0.086 hm²；宁波市东方船舶修造有限公司填海区部分拆除，面积为 0.509 9 hm²。合计拆除 1.831 6 hm²。②岸线修复。东方船舶沿岸岸线生态提升 290 m，岸坡种植植被面积 1.0 hm²（图斑外 0.7 hm²，图斑内 0.3 hm²）。③海洋生物资源恢复。通过建设贝类增殖区、增殖放流等方式进行海洋生物资源恢复，增殖放流费用共计 75 万元。④大嵩围区生态绿地建设 3.673 1 hm²。

6.2.2.2 奉化区松岙镇围填海项目

基于浙江造船厂历史围填海工程的生态功能定位，依据围填海项目特征和存在的生态问题，精准施策，规划生态修复内容和重点。修复区域包括围填海区和岸线以及相邻海域，形成"一轴、一心、多点"的总体格局，同时开展生态修复跟踪监测与效果评估（图6-9）。

图 6-9 奉化区松岙镇围填海项目生态修复布局及效果

具体生态修复措施：①海堤外侧生态提升工程。海堤外侧播贝类约 0.4 hm²。②松岙堆场挖除还海工程。共拆除 10 666 m²。③生态空间建设工程。生态绿地面积建设约 1 400 m²。

6.2.2.3 奉化区裘村镇围填海项目

基于奉化区裘村镇围填海项目用海区的生态功能定位，依据围填海项目特征和存在的生态问题，精准施策，规划生态修复内容和重点。修复区域包括围填海区海岸带和潮滩等区域，形成"一带、一滩"的总体格局，同时开展生态修复跟踪监测与效果评估（图6-10）。

具体生态修复措施：①开展并完成生态绿道建设。挖除总长度约 135 m，面积约 9 600 m²，恢复潮沟通道；实施生态绿道建设，长度约 1 720 m；海湾路边坡生态化修复，

图6-10　奉化区裘村镇围填海项目生态修复布局

长度约 1 500 m。②开展并完成潮滩湿地生态修复工程。实施滩面垃圾清理，面积约 3.3 hm²；滩面的清理整治，面积约 0.15 hm²；滩面互花米草进行清除，清除面积约 6.86 hm²。③开展并完成潮间带生物资源恢复工程。进行底播增殖放流，放流底栖生物 5 000万粒。

6.2.2.4　奉化区莼湖镇围填海项目

针对宁波市奉化区莼湖镇清单围填海项目存在的生态环境问题精准施策，通过滨海湿地修复，海洋生物资源恢复、岸线修复和其他修复（生态水系建设、环境卫生整治建设）等，切实修复和恢复该区域的海洋生态环境，提高区内景观度，通过科学管理、合理规划协调发展与环境保护的关系，给予周边民众更多亲水空间，提高居民获得感和幸福感，构建人-海和谐的滨海新区，促进人与自然和谐发展（图6-11）。

具体生态修复措施：①退填还海。拆除部分填海区 2.13 hm²，退填还滩 1.2 hm²。②岸线修复。进行岸线生态化改造约 1 300 m，填海区外侧滩涂整治 7.29 hm²，内侧沿岸绿地建设 2.12 hm²；建设防灾减灾护岸 350 m。③海洋生物资源恢复。用于增殖放流费用共计 10 万元，面积共计 13 hm²。④其他修复。对填海内侧围而未填区进行生态水系建设共计 5.2 hm²；对开发利用区进行环境卫生整治，合计 27.97 hm²。

6.2.2.5　宁海县象山港区域零星围填海项目

基于宁海县象山港区域围填海工程的生态功能定位，依据围填海项目特征和存在的生态问题，精准施策，规划生态修复内容和重点。修复区域包括围填海区、岸线，以及

图 6-11　奉化区莼湖镇围填海项目生态修复布局及效果

相邻海域，形成"滩净湾美"的总体格局，同时开展生态修复跟踪监测与效果评估（图 6-12）。

具体生态修复措施：①拆除 6.293 7 hm² 填海区域；②0.655 2 hm² 填海区域退填还滩；③修建约 633 m 生态护岸；④约 1.4 hm² 海域种植滨海植被。

6.2.2.6　宁波市岳井洋内零星围填海项目

基于岳井洋区域生态功能定位，依据围填海项目特征和存在的生态问题，精准施策，规划生态修复内容和重点。从区域的角度和湿地生态系统完整性的角度来实施生态修复策略，修复区域包括围填海区及海岸带等，同时开展生态修复跟踪监测与效果评估。重点关注岳井洋内围填海造成的海岸线占用、改善海岸线类型与功能和提升生态空间数量与质量（图 6-13）。

具体生态修复措施：①退填还海。部分拆除长街镇农业服务公司码头，退填还海面

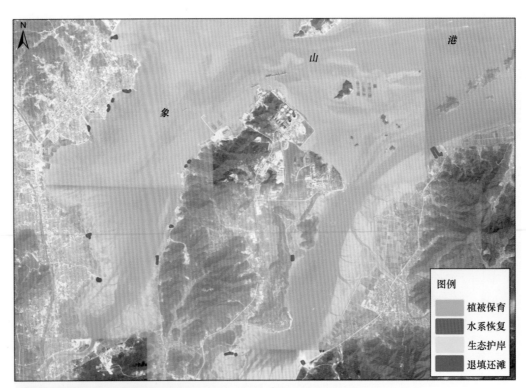

图 6-12 宁海县象山港区域零星围填海项目生态修复布局及效果

积 0.074 8 hm²。②建设生态护岸 800 m。

6.2.2.7 象山县象山港内零星围填海项目

基于象山港的生态功能定位，依据围填海项目特征和存在的生态问题，精准施策，规划生态修复内容和重点。从区域的角度和湿地生态系统完整性的角度来实施生态修复策略，修复区域包括围填海区、海岸带和临近受损生态系统等，同时开展生态修复跟踪监测与效果评估。重点关注象山港内零星围填海造成的岸线和滨海湿地占用和改善海岸线类型与功能（图6-14）。

具体生态修复措施：①退填还海。整体拆除 7 个围填海项目，部分拆除 2 个围填海项目，累计退填还海面积 5.463 9 hm²（其中图斑内拆除面积 5.264 7 hm²，图斑外拆除面

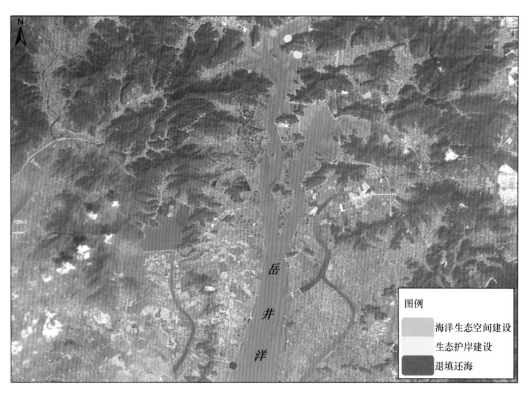

图6-13　岳井洋内零星围填海项目生态修复布局

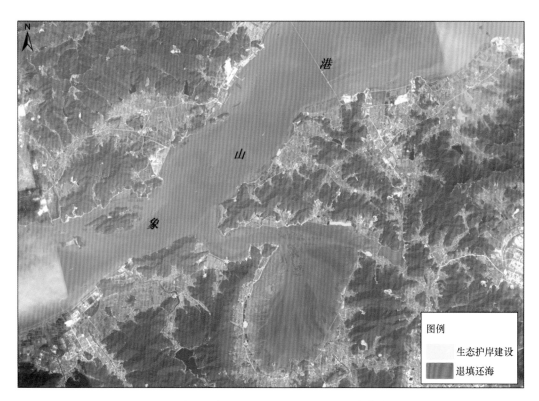

图6-14　象山县象山港内零星围填海项目生态修复布局

积0.199 2 hm²）。②在9个围填海项目建设生态护岸，累计长度3 060 m。

6.2.2.8 象山县墙头镇墙头村生活污水处理工程围填海项目

基于墙头镇污水处理工程围填海工程的生态功能定位，依据围填海项目特征和存在的生态问题，精准施策，规划生态修复内容和重点。修复区域包括围填海区、岸线以及相邻海域，形成的"陆域自然和谐、海域生态稳定"的总体格局，同时开展生态修复跟踪监测与效果评估（图6-15）。

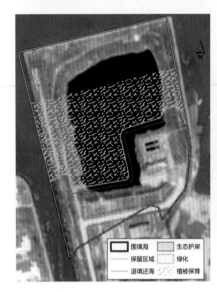

图6-15 象山县墙头镇墙头村生活污水处理工程围填海项目生态修复布局及效果

具体生态修复措施：①拆除缓冲池及围堤约1.5 hm²围填海区域；②修复受损湿地，以自然恢复为主、人工干预为辅，重建完整的淤泥质潮滩地貌结构，种植湿地植被约8 000 m²；③改善污水处理站周边生态环境，增加植被覆盖率，提高区域生态系统服务价值，绿化总面积约1 800 m²，生态空间占比达到22%；④修建205 m生态护坡（格网护坡）。

6.2.2.9 象山经济开发区滨海工业园（海和路至仁义涂）连通工程围填海项目

针对评估结果得出的滩涂湿地占用，原则上应进行滩涂湿地补偿，但由于本项目外侧直面东海，风浪较大，人为进行滩涂湿地修复难度较大。本项目填海面积不大，占用滩涂湿地范围极小。填海区外侧在一段时间后会有局部淤积，导致新的滩涂湿地形成，对本次占用的滩涂湿地进行补充。外侧目前淤泥质滩涂自然属性较好，常有鸟类栖息捕食。因此，对于项目滩涂占用生态问题，以底播贝类和自然恢复为主，并结合岸线生态化改造，修复部分岸滩。针对岸线生态化程度低这一问题，进行岸线生态化改造。对岸线整体及周边滩涂进行垃圾清理与大块砾石清理，覆土并种植滨海植被。针对评估结果得出的生物资源减少且减少以潮间带生物为主的问题，在高潮区投放岩礁性生物，如牡蛎，在中低潮区投放滤食性贝类，如毛蚶、菲律宾蛤仔（图6-16）。

具体生态修复措施：①岸线生态化改造298 m，乱石滩区域绿化植被种植约

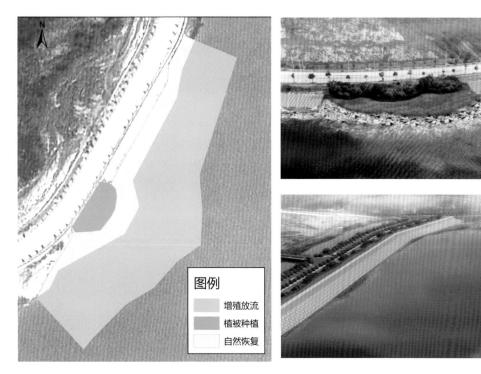

图 6-16　象山经济开发区滨海工业园（海和路至仁义涂）连通工程围填海项目生态修复布局及效果

2 000 m²，其余岸段以垃圾清理、自然恢复为主；②增殖放流费用共计 5 万元，恢复海洋生物资源；③约 2 hm²滩涂通过底播贝类，进行自然恢复。

6.2.2.10　象山县东部零星区块围填海工程

基于象山县东部零星区块围填海工程的生态功能定位，依据围填海项目特征和存在的生态问题，精准施策，规划生态修复内容和重点。修复区域包括围填海区、岸线以及相邻海域，形成"自然岸线修复良好，海洋生物恢复有效"的总体格局，同时开展生态修复跟踪监测与效果评估（图 6-17）。

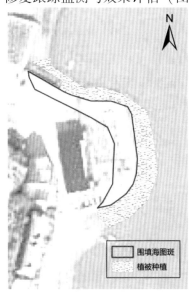

图 6-17　象山县东部零星区块围填海工程生态修复布局及效果

具体生态修复措施：①岸线修复。修复沙塘湾区块岸线 141 m，在岸线外侧种植植被 1 000 m²。②增殖放流共计投入 3.25 万元，位于象山港附近的大目洋，面积约 39 hm²。

6.2.2.11　象山县石浦港内零星围填海项目

基于石浦港区域生态功能定位，依据围填海项目特征和存在生态问题，精准施策，规划生态修复内容和重点。从区域的角度和湿地生态系统完整性的角度来实施生态修复策略，修复区域包括围填海区、海岸带和临近受损生态系统等，同时开展生态修复跟踪监测与效果评估。重点关注石浦港内零星围填海造成的岸线和滨海湿地占用和改善海岸线类型与功能（图 6-18）。

图 6-18　象山县石浦港内零星围填海项目生态修复布局

具体生态修复措施：①退填还海。整体拆除 3 个围填海项目（宁波石南高矿业有限公司矿山、双下湾村晒网场和对面山采石场），部分拆除 1 个围填海项目（下金鸡村砂场），累计退填还海面积 3.529 7 hm²（其中图斑内拆除面积 3.236 0 hm²，图斑外拆除面积 0.293 7 hm²）。②生态护岸。在 3 个整体拆除的围填海项目建设生态护岸，累计长度 1 010 m。

第7章 宁波市海洋生态修复保障措施

7.1 开展生态修复的技术保障

海洋环境生态修复工作涉及海域、海岸、海岛及陆域等多个区域，其学科领域也涉及多个方面，包括水文气象、化学、环境、地质、生物、测绘、数学和遥感等多个领域。在宁波市海域开展海洋生态修复工程，应主动与有关高校、科研机构、企事业单位合作，积极探索建立综合治理理念。

自然资源部第二海洋研究所（简称"海洋二所"）位于浙江省杭州市，是一所隶属于自然资源部的综合型公益性海洋研究机构。作为国家级海洋科研机构，海洋二所开展过浙江省多个海域的海洋生态修复工程，了解宁波近岸海域概况。生态修复是推进新时代生态文明建设的重要途径，海洋生态修复是海洋二所为更好地支撑自然资源部"两统一"职责将继续大力推进的重点工作之一。2019年，海洋二所多次召开海洋生态修复研讨会，邀请过自然资源部国土空间生态修复司、自然资源部涉海研究所、浙江省自然资源厅、浙江省海洋科学院等多家单位共60余位专家学者参加会议，以此交流各地海洋生态修复经验与心得。

宁波市海洋环境监测中心是国家海洋局东海分局与宁波市人民政府在2000年10月共建成立的公益服务事业单位。近10年来，宁波市海洋环境监测中心站编写了《象山港海洋环境保护"十三五"规划（2014—2030）》《宁波市象山港海洋生态红线划定方案（2016—2030）》《宁波市滨海湿地保护与修复规划（2018—2025）》等各类规划近20部，为地方政府规划生态红线、建立滩长制、湾长制等一系列海洋生态环境保护提供了技术支撑。

另外，宁波市盛甬海洋技术有限公司等多个企事业单位也在宁波开展了一系列海洋环境保护与生态修复工作，为海洋环境保护的持续推进提供了重要的基础。目前"宁波市海洋牧场建设""象山港生态环境保护与修复技术研究""宁波市蓝色海湾实施计划"，宁波市各县（市、区）的填海工程生态修复方案等项目，均在多机构多学科融合下完成。

宁波市自然资源和规划局多次组织生态修复研讨会，促进了各单位在海洋生态修复政策与技术层面的交流，理清和凝聚如何更好、更科学地开展海洋生态修复工作的思路和共识，相互联合，各取所长，发挥各自学科特长，为开展生态修复提供技术保障。

7.2　开展生态修复的政策保障

开展海洋生态修复是一件利国利民，利在千秋的公益事业，从国务院到地方政府都给予了各项政策保障。

7.2.1　国家层面的相关政策

国家颁布的《中华人民共和国海洋环境保护法》《中华人民共和国海岛保护法》《中华人民共和国海域使用管理法》《中华人民共和国环境保护法》《中华人民共和国防治海岸工程建设项目污染损害海洋环境管理条例》《中华人民共和国防治陆源污染物污染损害海洋环境管理条例》等一系列法律法规，强调了海洋生态环境保护的重要性，生态修复作为海洋生态环境保护重要的一环，正是上述法律法规的体系。

党的十九大战略部署提出进一步推进海洋生态文明建设，坚持人与海洋和谐共生为理念，提升海洋生态环境，实现美丽海洋的建设为目标，统筹推进"蓝色海湾""南红北柳""生态岛礁"三大生态修复工程，加强海洋保护区建设管理的理念。

党中央、国务院、自然资源部关于全面推进海洋生态文明建设、预防和控制海洋污染，保护海洋生态环境，"一带一路"等的战略部署，《国家海洋局海洋生态文明建设实施方案（2015—2020 年）中提出的要加强海洋生态保护与修复。《国务院关于加强滨海湿地保护严格管控围填海的通知》（国发〔2018〕24 号）更是提出了切实提高滨海湿地保护水平，对围填海活动要进行生态损害赔偿和生态修复。

这一系列制度的建设，进一步规范用海行为，同时为海洋生态修复提供了法律依据与政策保障。

7.2.2　浙江省层面的相关政策

浙江作为海洋大省，历来十分注重海洋生态环境保护。开展海洋生态修复也可以有效实现大陆自然岸线保有率管控目标和美丽海岸建设，符合浙江省致力"建设美丽浙江，创造美好生活"的战略布局。《浙江省海洋环境保护"十三五"规划（2016—2020）》中就提出要积极实施生态环境保护建设和整治修复工程，增强生态承载能力的工作要求；《浙江省海洋功能区划》《浙江省海洋生态红线划定方案》《浙江省海岸线保护与利用规划（2016—2020 年）》《浙江省海岸线整治修复三年行动方案》也同时对海域、岸线提出了整治修复的要求，以此保障海洋生态修复在浙江省的开展。

浙江省政府要求各级政府要切实承担起属地管理责任，全面负责所辖区域的海洋环境修复与整治工作；协调建立陆海联动、区域联动等机制，组织开展海洋环境联合执法，加大打击力度，保护海洋环境和海洋开发秩序。各级环保、海洋与渔业、海事等部门要根据职能，分别牵头组织开展陆源入海污染防治、海洋环境监测和水产养殖污染与渔业船舶污染防治、交通船舶污染防治等工作，制定相关方案，加强标准对接和工作协调，深化信息互通和资源共享，协同推进海洋环境污染整治工作。同时要求，要科学规划海域海岛海岸带等空间资源，实施严格的围填海总量控制制度和自然岸线控制制度；要严格落实近岸海域环境功能区划，严守生态保护红线，保持近岸海域环境功能区的连续性和稳定性。要加强海洋资源和生态环境开发的后评价，推动建立陆海统筹、区域联动的海洋生态环境保护修复机制。

7.2.3　宁波市层面的相关政策

宁波市人民政府高度重视海洋环境保护与生态修复，在海域开发管理、海洋环境保护和海岛综合管理等方面加强制度建设。近年来，组织并制定实施了《宁波市海洋功能区划》《宁波市海洋经济发展规划》《宁波市"十三五"海洋环境保护规划》《宁波市生态保护红线规划》《宁波市水生生物增殖放流实施办法》《宁波市海洋环境与渔业水域污染事故调查暂行办法》《宁波市重污染行业污染整治提升方案》《宁波市大陆岸线整治修复三年实施计划》。

宁波市强化区域联动，海陆统筹，以市政府牵头，充分发挥各职能部门的职责，对重大事项统一部署，综合决策、积极调动各部门、各地区的资源，确保各项重大事项的完成。充分发挥县（市、区）的能动性，结合地方实际，因地制宜地开展地方的海洋生态修复工作。

象山县和象山港编制了地方和区域的海洋功能区区划，并与市级海洋功能区划相衔接。部分县（市、区）（如象山县、慈溪市、宁海县、奉化区、镇海区）的自然资源管理部门根据区域所在海域的特点提出自然岸线修复或者海岛生态保护等要求，计划开展补充性和针对性较强的环境监测方案，使宁波市海洋环境保护和修复体系更趋完善，也为具体修复工程落地铺路提供政策支持。

7.3　开展生态修复的资金保障

7.3.1　资金来源

经费保障是生态修复项目实施的坚实基础。目前，海洋生态修复的资金主要来自中央或地方财政拨款，缺少社会资金的引入。

一方面，吸引社会资本投入生态保护修复缺乏有效机制。在目前的生态修复工程中，吸引社会资本投入合作多采取了政府购买服务的方式，一般仅解决了工程启动和周转资金的问题，社会资本增量投入不足。多数地方对相关政策运用不够，政策红利释放不充分。此外，生态保护修复属于公益性项目，生态产品价值实现途径不明确，生态保护修复投入的收益难以保障。

　　另一方面，地方财政生态保护修复投入比重偏小。近年来，不少地方加大了生态建设的投入，但地方支出比重仍然偏小，中央财政承担了较大的支出比重。事权与支出责任不完全匹配，地方生态保护修复治理责任须进一步细化。部分保护修复区域在生态红线范围内，修复后难以发展相关产业，不具备循环基础，导致地方政府积极性不高。

　　2019 年全国"两会"上，多名人大委员联名提案建议建立健全资金投入机制，加快推进国土空间生态保护修复。《关于建立健全资金投入机制加快推进国土空间生态保护修复的提案》指出，长期以来，受高强度国土空间开发建设和自然资源大范围开发利用等因素影响，不少地区生态系统功能退化甚至遭到破坏，资源安全和生态安全受到严重威胁。作为关系生态文明的战略性、长期性、基础性工作，国土空间生态保护修复任务难度大、投入成本高，必须建立健全稳定持续的资金投入机制。

　　为此，委员们建议：

　　一是加大中央财政投入力度。在统筹使用中央自然资源资产相关收益基础上，中央财政应加大对国土空间生态保护修复一般预算支持力度，建立稳定的财政资金投入渠道。建议设立"国土空间生态保护修复专项资金"，组织实施事关国家生态安全战略全局、生态系统受损严重、全国性跨区域的重点生态保护修复重大工程，重点支持关于山水林田湖草系统治理、江海岸线生态修复、矿山生态修复和土地综合整治。

　　二是加强地方财政投入保障。在明确中央与地方政府生态保护修复事权划分的基础上，按照任务与资金相匹配的原则，建议财政部门建立上下联动的资金保障体系，在地方各级财政设立相应专项，稳定支持渠道，确保财政资金投入与国土空间生态保护修复目标任务相适应。

　　三是积极引导社会资本投入。建议积极发挥市场在资源配置中的决定性作用和政府引导作用，加强与金融资本合作，发挥政策性银行融资优势，建立"国土空间生态保护修复基金"，运用资源资产升值、权益置换、财政贴息、特许经营等手段，吸引社会资本参与，激发社会组织、村民集体经济组织和生态保护修复义务人的内生动力，形成"共建""共治""共享"的多元化投入机制。

　　参考提案对于宁波市生态修复的资金来源，建议可通过建立省、市、县三级资金投入机制，省级积极争取中央分成海域使用金支持，安排省级专项资金，统筹市、县财政资金。加强资金项目统筹优化，对项目使用海域征收的海域使用金留成部分，要主要用于海洋生态保护和整治修复工作。沿海各级政府要把海洋生态保护和整治修复建设纳入财政预算，建立较稳定的资金来源渠道，建立政府投入为主、社会投入为辅的经费保障机制，鼓励社会资本以独资、合资、股份制、PPP 等形式进入海岸线整治修复领域。省、市财政对岸线整治修复进展较快、大陆自然岸线保护较好，以及地方政府领导重视和资金投入较大的市、县，给予优先补助。

7.3.2　监督管理

　　据统计，近年来生态环境保护修复有关专项资金中央年度投入总量在 1 000 亿元以上，主要用于环境污染治理及相关保护修复，然而真正落实国土空间生态保护修复的资金不足两成，加之部分地区的地方财政投入更是不足，难以支撑当前复杂繁重的生态保护修复任务。

由此可见，科学合理的经费管理机制和规范严格的财务管理制度也是项目顺利实施的重要保障。为此，必须制定切实可行的项目实施预算方案，明确财务管理的规范化与使用细则，建立经费增长的长效机制等，确保重大工程和重点项目顺利实施，确保各项主要任务如期完成。

为此，财政部为加强重点生态保护修复治理资金管理，研究制定了《重点生态保护修复治理资金管理办法》。该办法要求治理资金使用和管理应当遵循以下原则。

（1）坚持公益方向。治理资金使用要区分政府和市场边界，支持公益性工作。

（2）合理划分事权。治理资金使用要着眼全局，立足中央层面，支持具有全国性、跨区域或者影响较大的保护和修复工作。

（3）统筹集中使用。中央层面注重集中分配，聚焦于生态系统受损、开展修复最迫切的重点区域和工程；地方层面注重统筹使用，加强生态环保领域资金的整合，发挥资金协同效应，同时避免相关专项资金重复安排。

同时，自然资源部等部门负责组织具体实施方案的编制和审核，研究提出工作任务及资金分配建议方案，开展日常监管、综合成效评估和技术标准制定等工作，指导地方做好项目管理，配合财政部做好预算绩效管理等相关工作。财政部会同有关部门组织对治理资金实施预算绩效管理，强化绩效目标管理，做好绩效运行监控，开展绩效自评和重点绩效评价，加强绩效评价结果反馈应用，建立治理资金考核奖惩机制，并将各地治理资金使用情况、方案执行情况考核结果和绩效评价结果作为调整完善政策及资金预算的重要依据。

宁波市生态修复项目资金管理可以参考《重点生态保护修复治理资金管理办法》。考虑到目前宁波市生态修复项目基本为公益性项目，经费主要从政府征收的海域使用金中安排和地方财政配套，整体来说，资金是否到位的风险较小。为切实规范专项资金使用管理，保障资金安全、高效运行，发挥资金使用效益，可制定以下专项资金使用制度。

（1）专项资金实行"专人管理、专户储存、专账核算、专项使用"。

（2）资金的拨付本着专款专用的原则，严格执行项目资金批准的使用计划和项目批复资料，不准擅自调项、扩项、缩项，更不准拆借、挪用、挤占和随意扣压；资金拨付动向，按不同专项资金的要求执行，不准任意改变；特殊状况，务必请示。

（3）严格专项资金初审、审核、审核制度，不准缺项和违反程序办理手续。各类专项资金审批程序，以该专项资金审批表所列资料和文件要求为准。

（4）专项资金报账拨付要附真实、有效、合法的凭证。

（5）加强审计监督，实行单项工程决算审计、整体项目验收审计、年度资金收支审计。

（6）对专项资金要定期或不定期进行督查，确保项目资金专款专用，要全程参与项目验收。

通过该项资金使用制度，能够明确资金走向，保证生态修复工程的顺利展开。

第8章 宁波市海洋生态修复思考与建议

8.1 关于宁波市海洋生态修复的思考

8.1.1 积极影响

保护海洋生态环境、维护海洋生态平衡、促进海洋经济发展是时代赋予我们的历史责任。宁波市高度重视海洋生态环境保护工作，积极践行"五大发展理念"，认真贯彻落实党中央、国务院、浙江省关于"海洋生态文明建设和海洋环境保护"的战略部署，于"十三五"规划期间，宁波市已重点开展了多项海岸、港湾、海岛整治修复工程，创建了国家级海洋自然保护区、海洋牧场示范区、海洋生态文明示范区和海洋公园，构建了市近岸海域实时监测与动态评价体系，加大了水生生物增殖放流力度。预计到 2020 年底，全市近岸海水环境质量将保持稳定，大陆自然岸线保有不低于 119 km，完成海岸线整治修复长度不低于 70 km，海洋保护区面积不低于 650 km^2。工程完工后将整体创造洁净优美的沙滩环境，拓展公众亲水岸线岸滩，构建海湾海岛特色亲海空间，实现宁波"水清、岸绿、滩净、湾美、岛丽"的目标。

宁波市海洋生态修复工程的实施，将带来积极的可持续影响。一是有效控制海洋污染物排放，改善海水质量，提升滩涂湿地的生态功能，提高海域海岸带的生态环境，恢复海岛及周边海域生态系统，创建海洋生态文化氛围。二是改善沿海环境设施，美化沿湾风景，优化海岸线空间布局，打造城镇滨海特色，改善城镇生活和居住条件，提升城市品位和档次，对于实现人与社会环境的自然和谐，以及经济社会的和谐发展具有积极的作用。从长远角度看，将给宁波市创造更为良好的投资环境，带来间接经济效益，实现可持续发展。三是有效提高海洋监测和管护能力，为整治修复提供重要的技术支撑，可更加有效地对珍贵海岸资源和海洋生态环境加以保护，控制海洋生态的恶化，增加生态系统承载力，恢复生物资源，减少人为因素对自然资源和自然环境的影响。

8.1.2 主要问题

宁波市海洋生态修复工程逐步将整治成果转变为发展效益和环境优势，但仍旧存在一些问题影响着整治修复工程实施的进展和成效。一是受陆源污染物排放、海上工程及交通运输、海水养殖等因素影响，宁波近岸海域环境质量较差，经济鱼类资源衰退明显，海洋生态环境污染日趋严重。二是海域资源供给与需求之间的矛盾凸显，海岸带和近海开发密度过大，海洋岸线开发、沿海临港产业布局不尽合理，没有真正发挥岸线服务功能，大面积滨海湿地遭到围垦，近海海域生态自修复能力减弱，给海洋生态修复增加了难度。三是海洋监督执法体制机制不够健全，协调组织管理机制缺乏统一，海洋生态修复监管效率有待提高。四是当地涉海群众海洋环境保护意识及法律意识薄弱，非法用海、填海，乱丢生活垃圾、废弃渔具等，对海洋生态修复工程后续维护施加了压力。另外，海砂价格上涨、相关设施设备被自然灾害损毁等问题也同样影响着整治修复工程的实施。

因此，亟须采取有力措施扎实推进整治修复工程实施，确保中央资金和地方财政资金使用绩效，确保宁波市海洋生态修复工程取得实效。

8.2 关于宁波市海洋生态修复的建议

8.2.1 深入贯彻生态文明内涵

生态文明建设是科学发展观的必然要求，是经济持续健康发展的关键保障，是顺应人民群众新期待的迫切需要。海洋生态文明作为生态文明的重要组成部分，其核心是追求人与海洋、社会经济的和谐，保障海洋经济发展和海洋环境保护的和谐统一。建设海洋生态文明应以海洋经济的繁荣来维护海洋生态环境的平衡，以海洋生态系统的良性循环来促进海洋经济开发。

深入贯彻习近平新时代中国特色社会主义思想，坚决贯彻落实党中央、国务院、浙江省的部署，按照"五位一体"总体布局和"四个全面"战略布局，以创新、协调、绿色、开放、共享五大发展理念为引领，坚定不移走"绿水青山就是金山银山"发展路子，以生态文明建设为核心，以综合统筹、协调管控为主线，最大限度降低涉海工程对海洋水动力和生物多样性的影响，促进海洋资源的集约利用和海洋生态的有效修复，利于树立生态保护优先理念，实现人与自然和谐相处，构建海洋生态环境治理体系，全面加强生态环境保护，为建设美丽中国、美丽宁波做出贡献。

8.2.2 切实加强组织领导

强化宁波市海洋生态修复工作领导小组的组织领导与统筹职能，建立健全的海洋生态修复工作的领导机制和工作机制，形成市政府统一领导，政府各部门、社会相关单位各司其职、各负其责、分工协作、广泛参与的工作格局。加大对宁波市海洋生态修复重大决策、重大工程项目的统筹协调，以及政策措施的督促落实，着力解决海洋生态修复工程中面临的重大事项和问题，为海洋生态修复工程的实施和落实提供有力的组织领导保障。

加强审定海洋生态修复工程总体方案、实施方案及有关规章制度，建立健全海洋生态修复工作运行情况定期发布制度，及时提供重点项目建设情况和评价分析资料，开展海洋生态修复工作运行监测与评估，全力确保各项工程衔接推进，争取海洋生态修复早日见成效、出形象。

8.2.3 强化海洋生态环境保护

进一步推进海陆统筹，严格执行入海污染物总量控制制度。加强陆域工业污染的控制与治理，全面提升滨海城镇污水处理与配套设施，加强农业农村面源污染整治、船舶和港口污染防治，逐步解决陆域工业、农业生产给海域带来的环境隐患。通过各项计划和措施的实施，有效控制营养盐、COD 和石油类等主要污染物的排放总量，促进近岸海域水质基本达标，促使海洋生态系统服务功能恢复和提升。同时，严格控制海上污染物排放，加大陆源污染的防治与海上执法，开展海洋环境整治，改善宁波市海洋环境。

加强自然岸线和滨海湿地保护，严控围填海。严格保护自然形态保持完好、生态功能与资源价值显著的自然岸线，重点保护优质沙滩、典型地质地貌景观、重要滨海湿地等所在岸段。严格落实《浙江省海洋生态红线》中的各类管控措施，按照有关要求管理，确保生态功能不降低、长度不减少、性质不改变。禁止在严格保护岸线范围内开展任何损害海岸地形地貌和生态环境的活动。最大限度地保护滨海湿地，包括沿海滩涂、河口等近海生物重要栖息繁殖地和鸟类迁徙中转站。通过严控新增项目、严格审批程序等手段严控新增围填海造地，对涉及国家重大战略的围填海项目，认真落实国家规定要求，严守生态红线，不得擅自放宽或无视环境准入、产业限制条件等要求。强化闲置围填海的空间、总量、环境准入管理，科学引导符合国家产业政策的项目消化围填海存量，优化临海产业结构布局，控制高风险产能规模，从源头降低环境压力，防范环境风险。

加大生态保护与整治修复的力度。根据蓝色海湾、生态岛礁等国家的一系列整治修复项目指导方针，针对海湾生态破坏状况、滨海居民面临的主要民生问题、特殊保护对象等，积极开展海域海岛海岸带整治修复，围绕典型生态系统，实施湿地修复、"银色海滩岸滩"整治、"蓝色海湾"治理和"生态海岛"保护修复等工程。在重要渔业海域、沿海滩涂等生态敏感海区，开展增殖放流、人工鱼礁、海贝藻养殖等海洋生态修复工程，建设海洋牧场，大力推行生态化养殖模式，增加渔业资源量。在象山港积极开展互花米草等外来物种治理工程，恢复滨海湿地生态功能和生物栖息功能。严守海洋生态保护红线，严格围填海处置退填还海还滩，拓展海洋生态空间。

推进海洋、海岛生态示范区建设。推进蓝色海湾、国家级美丽海岛示范区、海洋生态文明示范区、生态岛礁和美丽海岸建设，持续实施海域整治工程，深入海洋生态修复工程，加强海洋生态修复的实践水准。因地制宜建设海岸公园、人造沙质岸线等海岸景观；科学规划海域海岛海岸带功能布局、优化海洋生态环境、培育特色海洋产业、推进基础设施配套。

8.2.4　完善海洋生态环境责任制及赔偿补偿机制

落实海洋环境保护目标责任制，将海洋环境保护和生态建设的有关任务作为重要考核内容，纳入沿海各级政府和部门，以及主要领导干部的任期责任制，从源头上对海洋环境实施长效管理。加强空间规划，进一步完善海洋生态环境海陆联动机制，加强对陆域污染排放总量控制考核，形成海域统筹、以海定陆的考核格局，有效解决陆源入海污染问题。

将海洋生态环境保护资金列入政府预算，并把海洋生态修复重点工程项目优先纳入国民经济和社会发展计划，支持海洋生态环境保护与整治修复项目申请国家专项资金、银行信贷等。

构建海域使用生态补偿制度，实施海洋生态红线制度，出台海洋生态损害评估办法，完善生态补偿方式的可操作性，建立生态损失补偿监督机制和管理体系。对影响沿海生态建设和修复的项目征收赔偿和补偿金，积极拓宽海洋生态修复资金来源渠道，统筹用于海洋环境保护和生态建设。

8.2.5　积极推动公众参与

认真研究制定针对性的宣传方案，充分发挥网络、电视、报纸、广播等多种媒体作用，加大新闻宣传与舆论监督力度。向公众多层次、多角度地普及海洋生态环境保护的重要性，提高公众保护海洋环境的自觉性。广泛宣传宁波市开展海岸、港湾、海岛整治修复工程的重大意义，及时报道各项行动进展，加强舆论引导和监督，积极回应社会关切，在全社会形成爱护海洋、保护海洋环境的浓厚气氛，促进公众共同参与、共同保护，确保宁波市海洋整治修复行动各项工作有力有序地推进。

注重海洋文化、历史传统价值的景观、遗迹的保护与研究，有效结合保护特色海洋文化资源与各类生态示范创建。依托国家海洋公园、自然保护区等科普教育基地，深入宣传保护重要河口海湾、滨海湿地、红树林等典型海洋生态系统的重要意义，组织海洋生态环境保护的政策普及和知识传播。促进公众共同参与海洋生态系统监督和保护，营造全社会重视海洋生态环境保护的良好氛围。

8.2.6　加大海洋监督执法力度

完善海域海岛环境监测预报体系，在现有海洋环境监测台站的基础上，采取新建、改造、共建等形式，优先在重点港湾及近海生态敏感区建立生态环境监测预报机构，完善健全海洋生态环境动态监视监测网络及海洋灾害预报预警检测系统，改善装备，逐步实现在线监测，提高技术人员与执法人员的业务水平和应急处理能力。

推进执法队伍建设，完善海洋监督执法机制，强化执法巡查，深入开展"海盾""碧海""护岛"等专项行动，进一步规范、维护海域、海岛开发利用秩序。加强无居民海岛巡航检查，严厉打击未经审批擅自开发利用和破坏海岛地形地貌等行为。进一步加强海洋工程的监管，监督建设单位切实落实各项环保措施。全力打击破坏海洋环境的各类违法行为，从严从重打击违法围填海、非法用海及污染海洋环境等行为，使海洋生态环境受损趋势得到遏制。完善海洋生态环境监管长效措施，加强对海域海岛海岸带生态保护修复工作的监管，确保海洋生态修复工程有序推进，不断优化海洋生态环境。

同时，通过多种形式及时宣传海洋生态环境监管政策和修复成效，加强舆论引导和监督，接收社会和新闻的监督。

8.2.7　拓展资金来源和建立补偿机制

全面推进生态保护修复，关键在于打通"绿水青山"向"金山银山"转化的通道，明确生态产品价值实现的途径，调动各类主体和社会资本参与生态保护修复；挖掘受损海洋空间的利用价值。客观分析受损海洋空间的区位条件和区域产业发展优势，充分利用国家有关产业政策，将海洋生态修复与海域开发、产业发展、城市建设、乡村振兴有机结合，是海洋生态修复资金筹措的重要途径。

同时，出台相关政策鼓励企业使用存量用海，对生态修复后的海洋空间进行综合开发利用，或进行相关权益的置换交易，创造生态修复后获得收益的途径。通过激励与约束并举的方式，夯实企业生态修复的主体责任。

未来可探索建立生态占补平衡制度，统筹管理上述几项指标，搭建集中统一的指标交易平台，完善指标市场交易机制。改进完善生态保护补偿机制。客观评估生态保护修复区域自然资本资产总价值和把自然资本维持在规定水平之上的成本，在此基础上研究完善生态补偿标准、补偿方式，探索建立受益地区和保护地区之间的生态补偿机制，构建生态补偿筹资渠道。夯实企业生态修复的主体责任。对责任主体明确生态修复工作，构建监管体系，完善监管手段，加大处罚力度，加强对企业责任履行情况的监管是第一要务。

8.2.8　加强国内外合作和科技支撑

宁波市海洋生态修复必须依靠科学技术和人才的支撑保障。充分发挥宁波本地优势学科，加大科学研究投入力度，重点围绕象山港、三门湾、杭州湾海岸、滩涂的开发利用、海洋资源的保护与恢复、海岛资源保护与利用的宏观科技发展方向，开展海岸、滩涂、渔业、海岛资源的保护和利用基础理论研究。

进一步拓展同先进国家和地区的海洋生态环境修复保护合作与交流，引进国内外先进技术和管理经验，加强海洋生态环境管理人员的学习与培训。通过广泛的国内外交流与合作，引进海洋生态修复优秀人才，强化我市海洋科技人才队伍建设。积极学习、借鉴国内外海洋生态修复的优秀经验与实践成效，研究保护与合理利用模式，力求通过多渠道、多方式提高宁波市海洋生态环境保护、修复与建设水平。

创造政策、资金、宣传等优惠条件，吸引更多专家、学者参与考察、研究，加快推进海洋生态修复技术研究与成果转化应用，确保生态修复方案可实施、可评估、可验收，推动宁波市海洋生态修复工作的有效开展。

参考文献

常纪文，吴平，王鑫，2017. 完善海洋生态环保目标责任制［J］. 社会治理，（01）：124-132.

陈彬，俞炜炜，2012. 海洋生态恢复理论与实践［M］. 北京：海洋出版社.

陈端钦，高伟，聂森，等，2015. 基岩海岸石质山体植被恢复与保护途径探讨［J］. 防护林科技，（10）：106-108.

慈溪市自然资源和规划局，2019. 宁波市慈溪市 2019 年岸线整治修复自评报告［Z］.

董越，黄杉，华晨. 2017. 互花米草治理围涂区的生态规划方法——以象山县沪港新城为例［J］. 西部人居环境学刊，32（02）：95-101.

奉化区海洋与渔业局，2018. 奉化区莼湖镇栖凤村七岛岩南侧海域问题围填海整改工程验收报告［Z］.

辜伟芳，赵鑫，吴创收，2019. 浙江省淤泥质海岸线特点及整治修复探讨［J］. 海洋开发与管理，（5）：37-40.

国家海洋局，2016. 2016 年全国海洋生态环境保护工作要点［N］. 中国海洋报.

国家海洋局第一海洋研究所，2015. 宁波滨海万人沙滩一期工程海域使用论证报告表［Z］.

黄华梅，谢健，王平，等，2013. 海洋生态文明示范区的构建内涵研究——以大亚湾临海产业园区为例［J］. 30（7）：65-69.

汇绿园林建设发展有限公司，2018. 干岙湿地保护与修复工程［Z］.

金雷鸣，夏广政，2018. 扇面式吹填技术在砂质海岸修复整治工程中的应用［J］. 中国水运，18（07）：150-152+176.

金翔龙，2014. 浙江海洋资源环境与海洋开发［M］. 北京：海洋出版社.

孔祥亮，2019. 空间的营造与挑战——景观栈道［J］. 现代园艺，（12）：95-96.

兰冬东，马明辉，梁斌，等，2013. 我国海洋生态环境安全面临的形势与对策研究［J］. 海洋开发与管理，59：59-63.

李富荣，陈俊勤，陈沐荣，等，2007. 互花米草防治研究进展［J］. 生态环境，（06）：1795-1800.

李加林，马仁锋，龚建波，2018. 海岸带综合管控与湾区经济发展研究——宁波案例［M］. 北京：海洋出版社.

李永祺，唐学玺，2016. 海洋恢复生态学［M］. 青岛：中国海洋大学出版社.

林贻卿，谭芳林，肖华山，2008. 互花米草的生态效果及其治理探讨［J］. 防护林科技，119-120.

刘健，2014. 浅谈我国海洋生态文明建设基本问题［J］. 中国海洋大学学报（社会科学版），（2）：29-32.

刘书明，张文亮，崔晓健，等，2014. 关于推进天津滨海新区海洋生态文明建设的思考［J］. 海洋开发与管理，（2）：73-77.

罗柳青，2018. 南方淤泥质海岸围填区植被修复［D］. 厦门：厦门大学.

马德毅，2012. 发展海洋科技，促进海洋生态文明，建设海洋强国［J］. 海洋开发与管理专刊，（12）：57-58.

宁波滨海新城建设投资有限公司，2018. 宁波滨海万人沙滩一期工程海洋环境保护竣工验收资料汇编［Z］.

宁波海洋研究院，宁波国际投资咨询公司，2019. 宁波市岳井洋内零星围填海项目生态保护修复方案［Z］.

宁波海洋研究院，宁波国际投资咨询公司，2019. 象山县石浦港内零星围填海项目生态保护修复方案［Z］.

宁波海洋研究院，宁波国际投资咨询公司，2019. 象山县象山港内区零星围填海项目生态修复方案［Z］.

宁波杭州湾新区开发建设管理委员会，2019. 建塘江两侧围涂工程项目生态保护修复方案［Z］.

宁波杭州湾新区开发建设管理委员会，2019. 宁波杭州湾新区十二塘围涂工程项目生态保护修复方案［Z］.

宁波市海洋与渔业局，2012. 宁波市海洋环境保护"十三五"规划［Z］.

宁波市海洋与渔业局，2016. 宁波市海洋事业发展"十三五"规划［Z］.

宁波市海洋与渔业局，2015. 2015 年宁波市海洋环境公报［Z］.

宁波市海洋与渔业局，2016. 2016 年宁波市海洋环境公报［Z］.

宁波市海洋与渔业局，2016. 宁波市海洋经济发展"十三五"规划［Z］.

宁波市海洋与渔业局，2017. 2017 年宁波市海洋环境公报［Z］.

宁波市海洋与渔业局，2018. 2018 年宁波市海洋环境公报［Z］.

宁波市人民政府政府，2019. 宁波市蓝色海湾整治行动实施方案［Z］.

宁波市盛甬海洋技术有限公司，2018. 宁波梅山湾干岙滩涂水系改造和涂面清理项目景观工程海域使用论证报告书［R］.

宁波市政府发展研究中心生态文明建设系列研究课题组，2014. 宁波海洋生态环境建设的问题及对策［J］. 宁波经济（三江论坛），（03）：17-21.

宁波市自然资源和规划局北仑分局，2019. 宁波市北仑区梅山七姓涂区域围填海项目生态保护修复方案［Z］.

宁波市自然资源和规划局北仑分局，2019. 宁波市北仑区梅山水道填海工程生态保护修复方案［Z］.

宁波市自然资源和规划局北仑分局，2019. 宁波市北仑区崎南围涂工程生态保护修复方案［Z］.

宁波市自然资源和规划局奉化分局，2019. 宁波市奉化区莼湖镇围填海项目生态保护修复方案［Z］.

宁波市自然资源和规划局奉化分局，2019. 宁波市奉化区裘村镇围填海项目生态保护修复方案［Z］.

宁波市自然资源和规划局奉化分局，2019. 宁波市奉化区松岙镇围填海项目生态保护修复方案［Z］.

宁波市自然资源和规划局鄞州分局，2019. 鄞州区历史围填海项目生态保护修复方案［Z］.

宁波天成水利水电设计有限公司，2013. 象山县石浦港海域海岸带整治修复和保护（景观部分）初步设计报告［R］.

宁海县自然资源和规划局，2019. 宁波市宁海县象山港区域零星围填海项目生态保护修复方案［Z］.

欧玲，龙邹霞，余兴光，等，2014. 厦门海洋生态文明示范区建设评估与思考［J］.（1）：88-93.

乔贯宇，李斌，2019. 某海水浴场海岸侵蚀及整治方案研究［J］. 港工技术，56（06）：33-37.

乔思伟，2019. 姜大明等：健全国土空间生态修复资金投入机制［EB/OL］.（2019-03-12）［2020-11-16］. http://www.mnr.gov.cn/dt/ywbb/201903/t20190312_2398301.html

沈士华，朱弘，董铸梁，等，2012. 浙江余杭湿地生态修复现状及技术措施［J］. 湿地科学与管理，（03）：46-47.

谭映宇，曹利江，刘瑜，等，2011. 浙江省海洋生态文明示范区建设的思考［A］//建设浙江海洋经济发展示范区舟山群岛新区研讨会论文汇编［C］. 浙江省海洋学会：14-19.

陶晓玲，2019. 海洋生态保护修复的若干思考［EB/OL］.（2019-02-26）［2020-11-16］. http://aoc.ouc.edu.cn/93/50/c9824a234320/page.psp.

王鹏，张连杰，闫吉顺，等，2019. 辽宁省海洋生态修复现状、存在的问题及对策建议［J］. 海洋开发与管理，36（07：49-52.

王琪，田莹莹，2016. 蓝色海湾整治背景下的我国围填海政策评析及优化［J］. 中国海洋大学学报（社会科

学版），（4）：42-48.

王蒨，张凯，汝少国，2003. 米草生物入侵现状及防治技术研究进展［J］. 海洋科学，（07）：38-42.

毋瑾超，任海波，刘红丹，等，2020. 浙江省海洋生态环境保护实践与发展规划［M］. 北京：海洋出版社.

向晓梅，2013. 关于建设美丽海洋大力推进海洋生态文明建设的建议［J］. 绿色中国，（7）：42-44.

象山县海洋与渔业局，2011. 象山县石浦港海域海岸带整治修复和保护项目实施方案［Z］.

象山县黄避岙乡人民政府，2016. 象山县黄避岙塔头旺村"美丽渔村"建设实施方案［Z］.

象山县爵溪街道，2019. 宁波市象山县爵溪街道下沙及大岙沙滩修复项目总结报告［Z］.

象山县水利建筑设计院，2016. 宁波市象山县下沙和大岙沙滩修复工程竣工测量资料［Z］.

象山县自然资源和规划局，2013. 松兰山海岸带修复及综合整治项目实施方案［Z］.

象山县自然资源和规划局，2019. 宁波市象山经济开发区滨海工业园（海和路至仁义涂）连通工程围填海项目生态保护修复方案［Z］.

象山县自然资源和规划局，2019. 宁波市象山县2019年岸线整治修复项目自评报告［Z］.

象山县自然资源和规划局，2019. 宁波市象山县东部零星区块围填海工程生态保护修复方案［Z］.

象山县自然资源和规划局，2019. 宁波市象山县墙头镇墙头村生活污水处理工程围填海项目生态修复方案［Z］.

谢丽，张振克，刘惠，2015. 广东省围填海应关注的几个关键问题［J］. 海洋开发与管理，207（11）：88-93.

叶勇，2008. 关于加强江苏沿海生态建设与修复的建议［J］. 江苏政协，（S2）：24-25.

于永海，王鹏，王权明，等，2019. 我国围填海的生态环境问题及监管建议［J］. 环境保护，47：19-21.

余姚市人民政府，2019. 余姚市除险治江围涂工程围填海项目生态保护修复方案［Z］.

袁立明，2018. "蓝色海湾"在行动［J］. 地球，（3）：38.

曾北危，2004. 生物入侵［M］. 北京：化学工业出版社，221.

张秋丰，屠建波，马玉艳，等，2017. 海岸修复评价体系研究——以渤海湾为例［M］. 北京：海洋出版社.

张晓龙，李培英，刘乐军，等．2010. 中国滨海湿地退化［M］. 北京：海洋出版社.

张一，2016. 海洋生态文明示范区建设：内涵、问题及优化路径［J］. 中国海洋大学学报（社会科学版），（4）：66-71.

张志卫，刘志军，刘建辉，2018. 我国海洋生态保护修复的关键问题和攻坚方向［J］. 海洋开发与管理，35（10）：28-32.

浙江凯胜园林市政建设有限公司，2017. 宁波滨海万人沙滩绿化、景观及附属配套设施工程施工组织设计［Z］.

浙江省海洋规划设计研究院，浙江省水利河口研究院，浙江广川工程咨询有限公司，2019. 宁波市镇海片区围填海项目生态修复方案［Z］.

浙江省海洋与渔业局，2016. 浙江省海洋生态环境保护"十三五"规划［Z］.

浙江省海洋与渔业局，2016. 浙江省海洋综合管理"十三五"规划［Z］.

浙江省海洋与渔业局，2016. 浙江省水生生物增殖放流"十三五"规划［Z］.

浙江省水利河口研究院，2011. 宁波市象山县下沙和大岙沙滩修复工程可行性研究报告［Z］.

浙江省象山县海洋与渔业局，2013. 松兰山海岸带修复及综合整治项目实施方案［Z］.

祝翔宇，何丛颖，丁页，等，2019. 宁波湾区经济发展中的海洋环境保护对策研究［J］. 环境与可持续发展，44（02）：83-86.

自然资源部海洋战略规划与经济司，2019. 2018年中国海洋经济统计公报［Z］.